How to Make Shoes

구두메이킹 프로세스

차남수 · 정기만 공저

일진사

"구두를 만들기 위해서 가장 먼저 해야 할 일은 무엇일까?" 라는 다소 막연한 물음에 원론적으로 답하면 "먼저 주재료인 가죽의 특성을 잘 파악해야 하고, 머릿속에 있는 디자인을 구현할 수 있도록 체계적으로 드로잉하여 도식화하며 디자인에 맞는 원부자재 및 장식을 선택해야 한다." 라고 말할 것이다. 그러나 이보다 실질적 해답을 찾기 위해서는 직접 구두를 제작해 보는 것이 가장 좋은 방법이다.

일반적으로 구두 메이킹은 구두 디자이너가 소비자들이 원하는 소재와 컬러 및 디자인을 작업 지시서에 옮기면서 시작된다. 재단사의 재단이 끝나고 현장에서 갑피사들이 상단 작업을 하면서 디자인으로는 가능하지만 작업상으로는 불가능한 것들을 발견하게 되고 가능하다고 하여도 소재와 장식에 따라서 불가능한 경우가 발생하기도 한다. 갑피사들의 작업이 끝나고 나면 조립사들이 하단 작업을 하면서 인솔과 아웃솔에 잘 맞도록 디자인을 변경하기도 한다. 이와 같이 구두 메이킹은 실제 제작을 통해 디자이너의 창작물에서 소비자들에게 판매되는 최종 제품을 완성하는 것이다.

오늘날 구두 디자인을 하려면 단순히 자신이 원하는 디자인을 그릴 수 있는 드로잉뿐만 아니라 그 디자인에 맞는 컬러와 소재 선정 능력, 라스트 제작 방법, 구두 패턴 등에 대한 전문적인 지식이 필요하다. 구두 디자이너에게 있어 감각적인 자질보다는 끊임없이 노력하여 자기만의 기술과 안목을 기르는 것이 중요하며, 구두 제작 전체 과정을 이해하고 총괄할 수 없다면 구두 디자인의 핵심을 놓치는 것이다.

이에 본 저자는 강단에서의 강의 경험과 풍부한 현장의 노하우를 토대로 구두 제작을 배우고자 하는 후학들과 업계에 계시는 분들에게 조금이나마 도움이 되고자 구두 메이킹의 전체 과정을 알기 쉽도록 일러스트와 사진 및 글로 구성하였다.

이 책은 플랫, 펌프스, 토 오픈, 샌들, 옥스퍼드, 스니커즈, 앵클 부츠, 부츠 등 실생활에서 가장 많이 쓰이고 있는 구두의 제작 과정을 소개하여 총 8장으로 구성하였으며, 본 장으로 들어가기 전에 구두 제작을 위한 도구와 기계, 구두 부위별 용어 및 라스트의 구조와 명칭, 구두 제작 용어와 구두 제작 공정에 대해서 개략적으로 설명하였다.

또한 각 장 처음에는 구두 메이킹의 전체 과정을 한눈에 볼 수 있도록 디자인 공정, 재단 공정, 갑피 공정, 저부 공정 4단계를 구조화시켜 제시하였으며, 각 과정별 프로세스에 대해서는 구체적인 일러스트와 사진을 넣어 상세하게 정리함으로써 구두 제작 및 디자인을 처음 배우는 학생들과 일반인들에게 좀 더 쉽게 전달하고자 노력하였다. 다만, 좀 더 많은 사진과 디자인을 담지 못한 점은 앞으로 개정판을 통해 더욱 보완해 나갈 것이다.

끝으로 이 책을 출판하는 데 있어 여러 가지로 도움을 준 사랑하는 제자들, 한국제화아카데미 관계자님들과 학생들, 특히 바쁜 와중에도 디자인 일러스트를 직접 드로잉해 준 황보소정 양과 좋은 책을 만들기 위해 꼼꼼한 편집과 교정에 수고를 아끼지 않은 일진사 편집부 모든 분들께 머리 숙여 감사의 마음을 전한다.

저자 일동

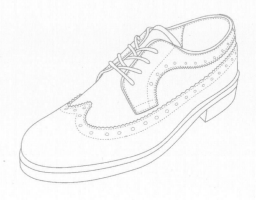

Contents

차 례

BASIC KNOWLEDGE

들어가기 전에

1 갑피 제작 도구

구두 갑피 제작을 하기 위해서는 다음과 같은 갑피 제작 도구(❶~⓬)가 필요하다. 철판은 장식을 망치로 치기 위해서 필요한데 특히 구두 끈 구멍에 하도메 장식을 칠 때 주로 사용한다. 철자는 정확하게 길이를 파악하고 칼로 재단할 때 사용한다. 송곳, 칼, 쪽가위, 접착테이프, 은펜, 구두풀솔, 망치, 가위, 실, 도리테이프는 다양한 구두 아이템에 따라서 사용한다.

❶ 철판　　❷ 철자　　❸ 송곳　　❹ 갑피용 칼
❺ 쪽가위　　❻ 접착테이프　　❼ 은펜　　❽ 구두풀솔
❾ 망치　　❿ 가위　　⓫ 실　　⓬ 도리테이프

2 　저부 제작 도구

　구두 저부 제작을 하기 위해서는 다음과 같은 저부 제작 도구(❶～⓯)가 필요하다. 가위, 망치, 칼, 솔, 은펜 등은 갑피 제작에도 사용하고 저부 제작에도 공통으로 사용한다. 다만, 칼은 용도에 따라서 길이가 달라지는데 저부용 칼은 길이가 짧고 갑피용은 길다. 실제로 저부에서 가장 많이 사용하는 도구는 고소리로 골씌움 작업을 할 때 사용한다. 그 외 방울집게는 못을 제거할 때 사용하는 도구이다. 기계 작업을 할 때는 크게 도구가 필요 없지만 수작업에는 작업자에 맞는 도구가 다양하게 필요하다.

❶ 전기 열풍기　　❷ 전기 난로　　❸ 가위　　❹ 망치

❺ 고소리　　❻ 에어타카　　❼ 커터칼　　❽ 디바이더

❾ 저부용 칼　　❿ 방울집게　　⓫ 못(금못, 은못)　　⓬ 구두풀솔

⓭ 라스트　　⓮ 은펜　　⓯ 중창, 창

3 구두 제작 기계

구두 제작을 위해서는 다양한 기계가 필요하다. 작업 공정에 따라서 자동화 기계, 반자동화 기계가 있으며 현재 국내 수제화 공장에서는 일부 작업 공정을 제외하고는 모두 수작업으로 하고 있다.

1 구두용 재봉틀(18종 재봉틀)

현재 수제화 공장에서 가장 많이 사용되고 있는 재봉틀로 재단이 끝난 갑피 원단을 접합할 경우에 사용한다.

잔 고장은 없고 입체적인 재봉이 가능하지만 정교하지 않은 것이 단점이며, 봉처럼 튀어나와 있어 구두 안쪽을 돌리면서 봉제할 수 있다.

2 스카이빙(skiving) 또는 스끼(가장자리 깎음) 기계

가죽의 접음질 할 부분을 얇게 깎아주는 기계로 가죽과 가죽을 붙였을 때 튀어 나오지 않게 하여 패턴 그대로 디자인이 나오게 한다. 주로 접음질 공정을 할 때 디자인에 따라서 기계의 폭을 조절하여 작업을 한다.

예전에는 작업자가 가죽칼을 이용하여 작업하였으나 최근에는 대부분 기계를 사용한다.

스카이빙 작업을 잘하는 것이 좋은 디자인을 하는 첫 걸음이다.

③ 보강테이프 붙이는 기계

갑피 공정에서 가죽과 가죽을 재봉틀로 봉합한 후 안쪽 부분에 테이프를 붙이는 기계로 봉합한 부분이 떨어지는 것을 방지하고, 봉합한 부분을 매끄럽게 만들어 준다.

④ 지그재그 재봉틀

안감 가죽이나 합성 피혁끼리 봉합할 때 지그재그로 봉제할 수 있는 기계로 봉합 부분이 떨어지지 않도록 할 때 주로 사용한다.

거의 대부분은 내피(안감) 봉합에만 사용한다.

⑤ 힐시트 몰딩기(heel seat pounding machine)

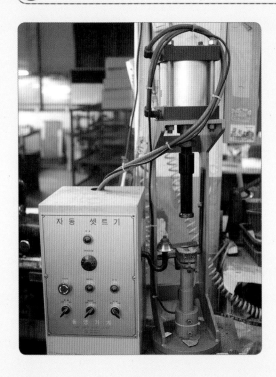

구두 뒷부분을 마무리해 주는 기계로 heel seat flatting machine 또는 heel seat beating machine이라 하며, 현장에서는 보통 셋도라고 불린다.

구두의 뒷부분을 정리함으로써 주름 없이 고르게 접착하게 만들어 주는 기계로, 하이힐이나 플랫의 뒷부분을 유압으로 매끄럽게 정리하여 힐이나 창이 잘 부착되도록 한다.

작업할 때 매우 위험하기 때문에 숙련되지 않은 상황에서는 작업을 하지 않는 것이 좋다.

⑥ 넘버링(numbering) 기계

구두 제품을 완성한 날짜, 사이즈, 제품 번호를 가죽에 찍는 기계로 판매자가 판매할 때 쉽게 제작 연도와 스타일 번호를 알아 소비자들에게 빠르게 정보를 제공하기 위해서 안감에 표시한다.

7 포스트 재봉틀(380 재봉틀)

총 7인치 높이로 기둥 모양의 북집이 올라와 있기 때문에 포스트(post) 재봉틀이라고 한다.

기본 평(flat) 재봉틀보다는 다양한 연결 부분과 굴곡 부분을 쉽게 작업할 수 있다는 장점이 있다.

또한 18종 재봉틀보다 정교하여 최근에는 많은 작업자들이 사용하고 있다.

8 공압식 성형 기계(불박 기계)

구두가 완성된 후 구두 안쪽에 브랜드 네임 작업을 하고자 할 때 사용되는 기계이다.

각 회사의 브랜드 네임(화인)을 성형기에 삽입하고 뜨거운 열을 가열한 후 아래로 찍어주면 정확하게 원하는 네임이 표시된다. 이때 금은색 필름지를 사용하여 누르면 색깔이 입혀진다.

⑨ 굽 못 박는 기계(보루방)

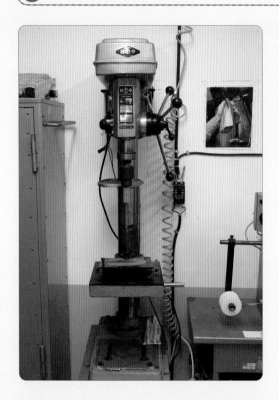

힐(heel)과 라스팅한 구두 중심에 십자 못을 박아주는 기계로 일반적으로 3개 못을 박아주어야 굽이 빠지지 않고 안정하게 보행할 수 있다.

⑩ 저부 작업대

현재 저부(조립) 작업을 할 때 가장 많이 사용되고 있는 작업대이다.

외국에서는 일어서서 작업하기도 하는데, 아직 국내 수제화 공장에서 저부 작업을 할 때는 일반적으로 이런 작업대를 사용한다. 허리 아래에서 작업을 하기 때문에 낮은 의자에 앉아서 작업한다.

⑪ 연마기(그라인더 : grinder)

갑피 작업을 하고 골씌움을 한 골밥 부분을 아웃솔(창)에 잘 부착되도록 구두 바닥 부분을 고르게 만들어 주는 역할을 한다.

초보자들은 소형 핸드 연마기로 작업을 하면 쉽게 할 수 있다.

이 기계를 사용할 때 먼지와 가루가 많이 생기고 소리가 시끄럽기 때문에 먼지와 가루를 흡입할 수 있는 집진기와 함께 사용된다.

⑫ 갑피 작업대

현재 갑피(제갑) 작업을 할 때 가장 많이 사용하는 작업대이다.

다양한 망치 작업과 가위 작업을 하기 때문에 평평한 바닥면 위에 투명 합성 소재의 패널을 깔고 작업한다.

갑피 작업은 주로 허리 위에서 손으로 작업한다.

⑬ 프레스 기계(유압 재단 기계)

대부분의 구두 공장에서는 프레스 기계를 이용하여 재단한다. 다만, 아직도 규모가 작은 공방에서는 손으로 재단하는 경우도 있다.

손 재단보다는 빠르고 조작이 간단하며 오차가 크지 않다. 대량 생산 재단에는 패턴 철형을 이용하여 생산 효율성을 높인다.

⑭ 압축기

골씌움 작업이 끝나고 아웃솔(겉창)과 부착하기 위해서 사용하는 창 접착 압축 기계이다.

창과 골씌움한 구두를 일정하게 부착하기 위해서 압축기를 사용하여 압력을 가해준다.

너무 많이 압력을 가하면 가죽이 손상되거나 파손될 수 있기 때문에 적절한 압력을 가하는 것이 중요하다.

⑮ 건조기

골씌움 작업이 끝나고 나서 구두의 잔주름을 제거해 주는 기계로 100℃에서 30분 정도 건조시킨다.

이 과정을 통해서 고열로 찜을 해주면 접착제도 바짝 마르고 열로 인해 가죽이 오그라들면서 라스트에 한 번 더 짝 성형되게 해 주는 기계이다.

⑯ 하리 기계(발목 스프링 기계)

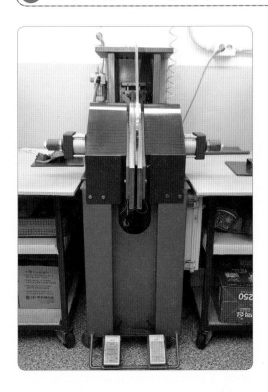

발목 부분까지 올라오는 구두 디자인에서 가운데를 절개하여 직선을 곡선으로 만들어 주는 역할을 하는 기계이다. 온도를 120℃에 맞추고 압력을 10~15초 동안 가하여 작업한다.

일반적으로 여성용 부츠 작업에서 가장 많이 사용된다.

⑰ 열풍기(전기 드라이어)

작업자가 원하는 부분에 열을 가하고 싶을 때 사용하는 기계이다.

일반적으로 가죽 주름 등을 제거할 때 사용한다. 저부 작업에서는 창 부착 시 열을 가하거나 떨어지게 할 때 사용한다.

⑱ 에어타카 기계

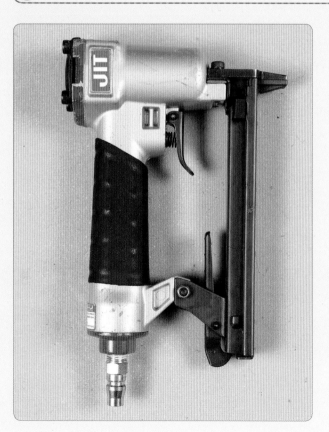

저부 작업 골씌움 공정에서 가장 많이 사용되는 기계이다.

손 타카보다 힘이 강하고 압력이 세게 작용하므로 갑피 골밥을 라스트에 고정할 때 사용한다.

⑲ 밴드 나이프 스프리팅 기계(band knife splitting machine)

가죽의 두께를 전체적으로 얇게 깎아줄 때 사용하는 기계로 와리(두께 깎음) 기계 (thickness skiving machine)라고도 한다. 스카이빙(스끼) 기계는 가장자리 부분을 얇게 깎아줄 때 사용하지만, 밴드 나이프 스프리팅 기계는 조금 더 넓은 면적을 얇게 처리하고자 할 때 사용되는 기계이다.

처리되는 면이 일정하고 정확하기 때문에 굽싸개, 중창싸개 가죽에는 꼭 이 기계를 이용한다.

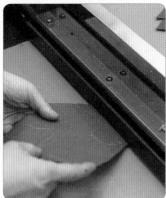

⑳ 라스트 분리 기계

저부 공정에서 아웃솔(겉창)과 굽을 부착한 후 탈골(라스트 빼는 것)하는 데 사용되는 기계이다.

V컷 라스트의 경우는 라스트가 굽어지면서 탈골하기 쉽지만 통골 라스트의 경우는 조심해서 탈골해야 한다. 이 작업에서 너무 힘을 가하면 내피가 손상될 수도 있다.

4 남녀 구두 부위별 용어

1 여화

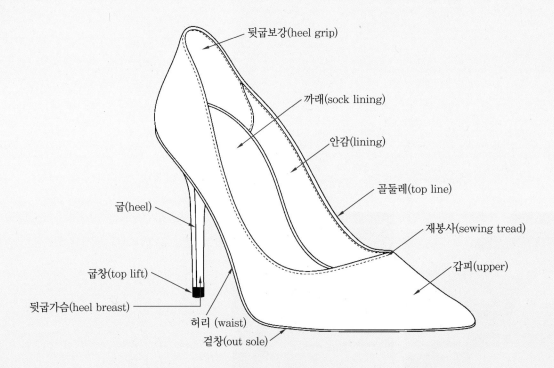

뒷굽보강(heel grip)
까래(sock lining)
안감(lining)
골둘레(top line)
재봉사(sewing tread)
갑피(upper)
굽(heel)
굽창(top lift)
뒷굽가슴(heel breast)
허리 (waist)
겉창(out sole)

2 남화

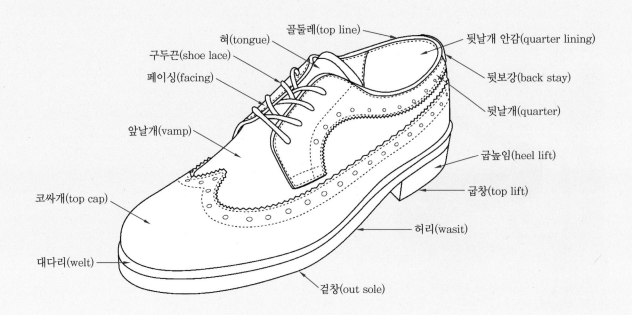

혀(tongue)
골둘레(top line)
뒷날개 안감(quarter lining)
구두끈(shoe lace)
페이싱(facing)
뒷보강(back stay)
뒷날개(quarter)
앞날개(vamp)
굽높임(heel lift)
굽창(top lift)
코싸개(top cap)
허리(wasit)
대다리(welt)
겉창(out sole)

3 분해도

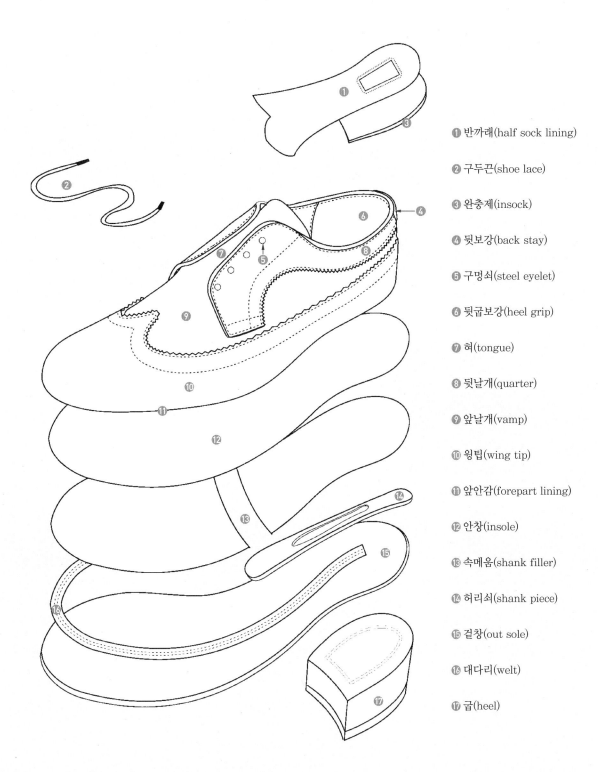

❶ 반까래(half sock lining)

❷ 구두끈(shoe lace)

❸ 완충제(insock)

❹ 뒷보강(back stay)

❺ 구멍쇠(steel eyelet)

❻ 뒷굽보강(heel grip)

❼ 혀(tongue)

❽ 뒷날개(quarter)

❾ 앞날개(vamp)

❿ 윙팁(wing tip)

⓫ 앞안감(forepart lining)

⓬ 안창(insole)

⓭ 속메움(shank filler)

⓮ 허리쇠(shank piece)

⓯ 겉창(out sole)

⓰ 대다리(welt)

⓱ 굽(heel)

5 라스트의 구조 및 각 부분 명칭

　　구두 패턴 작업을 하기 위해서는 라스트의 구조 및 각 부분 명칭에 대해서 알아야 한다. 라스트
는 신발 제작을 위해 만든 실제 발 형태에 가까운 모형으로 우리나라에서는 플라스틱 소재의 라스
트가 주로 사용되고 있다. 라스트는 발을 중심으로 엄지발가락이 있는 쪽을 안쪽(inside)이라고 하
며 새끼발가락이 있는 쪽을 바깥쪽(outside)이라고 한다. 각 부분에 대한 명칭은 다음 그림과 같다.

❶ 플랫 라스트(측면)

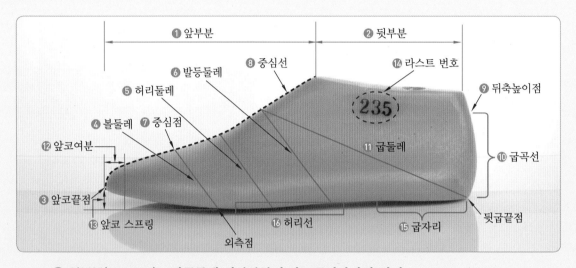

❶ **앞부분**(fore part) : 발목둘레 앞부분부터 앞코끝점까지의 길이

❷ **뒷부분**(back part) : 발목둘레 앞부분부터 뒷굽끝점까지의 길이

❸ **앞코끝점**(toe point) : 라스트 중심선에서 가장 앞부분 끝지점

❹ **볼둘레**(ball girth) : 내측점에서 중심선을 지나 외측점까지의 둘레

❺ **허리둘레**(waist girth) : 내측 아치선에서 허리점을 지나 외측 아치선까지의 둘레

❻ **발등둘레**(instep girth) : 내측 아치 끝부분에서 발등점을 지나 외측 아치 끝부분까지의 둘레

❼ **중심점**(center point) : 볼둘레선과 중심선이 만나는 지점

❽ **중심선**(center line) : 앞코끝점에서 발목둘레 앞부분까지의 선

❾ **뒤축높이점**(heel curve point) : 뒷굽끝점에서 뒤축높이 5cm 지점

❿ **굽곡선**(heel curve) : 뒷굽끝점에서 뒤축높이점까지의 곡선

⓫ **굽둘레**(heel girth) : 뒷굽끝점에서 발등둘레 상단까지의 둘레

⓬ **앞코여분**(toe room) : 발끝 부분과 구두 끝부분 사이에 존재하는 공간

⓭ **앞코 스프링**(toe spring) : 라스트의 앞코 끝에서 지표면까지의 수직 거리

⓮ **라스트 번호**(last number) : 라스트마다 가지는 고유의 번호

⓯ **굽자리**(heel seat) : 굽이 부착되는 지점

⓰ **허리선**(arch line) : 볼둘레선에서 굽자리까지 아치형으로 나타나는 선

❷ 플랫 라스트(평면)

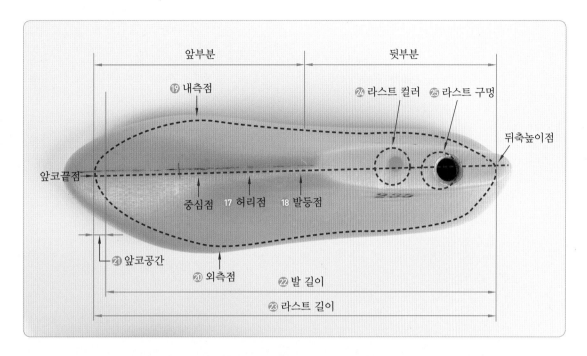

ⓗ **허리점(waist point)** : 외측 허리선과 내측 허리선이 중심선과 만나는 중간지점

ⓘ **발등점(instep point)** : 발등둘레선과 중심선이 만나는 지점

ⓙ **내측점(inside ball point)** : 엄지발가락 안으로 내측에서 가장 돌출된 지점

ⓚ **외측점(outside ball point)** : 새끼발가락 밖으로 외측에서 가장 돌출된 지점

ⓛ **앞코공간(toe room)** : 신발 끝과 발가락의 끝 사이에 생기는 여유 공간

ⓜ **발 길이(foot length)** : 앞코공간 뒷부분에서 뒷굽끝점까지의 길이

ⓝ **라스트 길이(last length)** : 앞코끝점에서 뒷굽끝점까지의 길이

ⓞ **라스트 컬러(last color)** : 라스트마다 사이즈를 표시하는 컬러(녹색 : 235size)

ⓟ **라스트 구멍(last hole)** : 조립 공정에서 골씌움하고 탈골하기 위해서 만들어진 구멍

❸ 펌프스 라스트(측면)

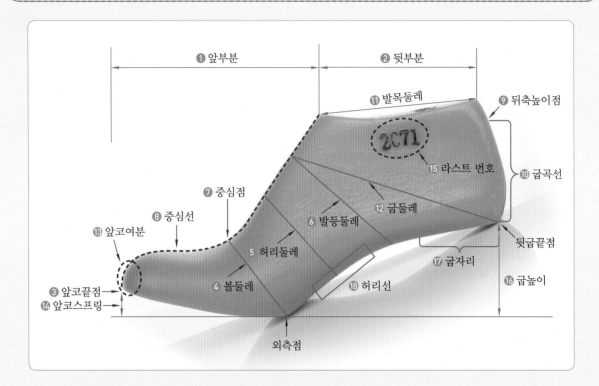

❶ **앞부분**(fore part) : 발목둘레 앞부분부터 앞코끝점까지의 길이

❷ **뒷부분**(back part) : 발목둘레 앞부분부터 뒷굽끝점까지의 길이

❸ **앞코끝점**(toe point) : 라스트 중심선에서 가장 앞부분 끝지점

❹ **볼둘레**(ball girth) : 내측점에서 중심선을 지나 외측점까지의 둘레

❺ **허리둘레**(waist girth) : 내측 아치선에서 허리점을 지나 외측 아치선까지의 둘레

❻ **발등둘레**(instep girth) : 내측 아치 끝부분에서 발등점을 지나 외측 아치 끝부분까지의 둘레

❼ **중심점**(center point) : 볼둘레선과 중심선이 만나는 지점

❽ **중심선**(center line) : 앞코끝점에서 발목둘레 앞부분까지의 선

❾ **뒤축높이점**(heel curve point) : 뒷굽끝점에서 뒤축높이 5cm 지점

❿ **굽곡선**(heel curve) : 뒷굽끝점에서 뒤축높이점까지의 곡선

⓫ **발목둘레**(ankle girth) : 라스트 높이에서 앞방향으로 중심선까지의 둘레

⓬ **굽둘레**(heel girth) : 뒷굽 끝점에서 발등둘레 상단까지의 둘레

⓭ **앞코여분**(toe room) : 발끝 부분과 구두 끝부분 사이에 존재하는 공간

⓮ **앞코스프링**(toe spring) : 라스트의 앞코 끝에서 지표면까지의 수직 거리

⓯ **라스트 번호**(last number) : 라스트마다 가지는 고유의 번호

⓰ **굽높이**(heel high) : 뒷굽끝점으로부터 바닥 평면까지의 수직 높이

⓱ **굽자리**(heel seat) : 굽이 부착되는 지점

⓲ **허리선**(arch line) : 볼둘레선에서 굽자리까지 아치형으로 나타나는 선

4 펌프스 라스트(평면)

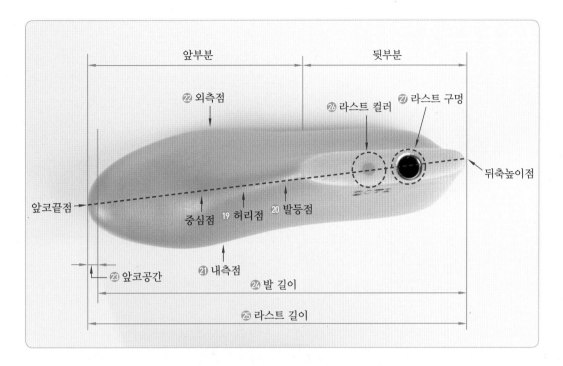

⑲ 허리점(waist point) : 외측 허리선과 내측 허리선이 중심선과 만나는 중간 지점

⑳ 발등점(instep point) : 발등둘레선과 중심선이 만나는 지점

㉑ 내측점(inside ball point) : 엄지발가락 안으로 내측에서 가장 돌출된 지점

㉒ 외측점(outside ball point) : 새끼발가락 밖으로 외측에서 가장 돌출된 지점

㉓ 앞코공간(toe room) : 신발 끝과 발가락의 끝 사이에 생기는 여유 공간

㉔ 발 길이(foot length) : 앞코 공간 뒷부분에서 뒷굽끝점까지의 길이

㉕ 라스트 길이(last length) : 앞코끝점에서 뒷굽끝점까지의 길이

㉖ 라스트 컬러(last color) : 라스트마다 사이즈를 표시하는 컬러(녹색 : 235size)

㉗ 라스트 구멍(last hole) : 조립 공정에서 골씌움하고 탈골하기 위해서 만들어진 구멍

6   구두 제작 용어

구두를 제작하기 위해서는 우선 신발 각 부분에 대한 명칭과 의미를 정확히 이해하는 것이 중요하다. 하지만 구두 제작 용어는 체계적으로 표준화되지 않아 작업자에 따라 한국어, 영어, 일본어가 혼용되고 있다. 현장에서 일하는 분들은 오랫동안 습관적으로 사용해 왔기 때문에 표준어를 사용하지 않고 있다. 따라서 앞으로 구두 제작에서 사용되는 용어의 표준화 작업이 무엇보다 필요하다. 여기에서는 구두 제작에 사용되는 용어를 현장 실무에서 사용하는 용어와 영어로 정리하여 설명하였다.

❶ 갑피(갑혁 : upper) : 구두의 윗부분을 말한다.

❷ 선심(toe box) : 구두의 앞코 부분을 보호하기 위해서 덧붙이는 보강 소재

❸ 월형(counter) : 구두 뒷부분의 갑피와 내피 사이에 들어가며 발뒤꿈치를 보호하고 형태를 유지한다.

❹ 내피(lining) : 구두의 안쪽에 들어가는 소재로 갑피를 보강해 준다. 주로 돈피가 많이 사용된다.

❺ 앞날개(vamp) : 발의 앞부분을 덮는 구두의 앞부분

❻ 뒷날개(quarter) : 앞날개를 제외한 구두의 후미 부분을 감싸주는 부분

❼ 지활재(갑보 : heel grip) : 발의 뒤꿈치가 벗겨지는 것을 방지하고 보호하는 안감

❽ 끈(lace) : 구두가 벗겨지지 않도록 고정하는 역할을 하며 최근에는 워커용 디자인에서 많이 볼 수 있다.

❾ 도꾸리(독구리, 뒷보강 : back stay) : 뒷박음질의 상단을 보강하기 위해 덧붙인 가죽 조각

❿ 아구(top line) : 구두의 앞부분의 디자인 라인을 말하며, 예전에는 U자형 아구 라인이 많았는데 최근에는 일자형 아구 라인도 많이 볼 수 있다.

⓫ 도리(binding) : 구두 갑피 작업을 할 때 끝부분을 다시 한 번 가죽이나 합성 피혁으로 감싸주는 것

⓬ 혀(설포, 베라 : tongue) : 구두의 갑피 앞부분에 끈이 들어가는 디자인에서 발의 발등 부분에 들어가는 가죽 조각

⓭ 하도메(eyelet) : 끈이 들어가는 디자인의 끈 구멍테를 말한다.

⓮ 안창(in sole) : 까래 아래에 있어 신발 안쪽의 바닥 부분으로 발을 지지하는 창

⓯ 중창(mid sole) : 안창과 겉창 사이에 삽입시킨 창

⓰ 겉창(out sole) : 구두의 맨 아래 있는 창으로 지면에 닿는다. 겉창의 종류에는 족창, 판창, 홍창이 있다.

⓱ 까래(sock lining) : 구두 안창 위에 붙이는 소재로 주로 브랜드 로고를 부착하고 충격을 흡수하기 위해 사용된다.

⓲ 허리쇠(shank steel) : 중창과 겉창 사이에 들어가 구두의 척추 역할을 하며, 형태는 일자형, Y자형, X자형 등 다양하다.

⓳ 굽싸개(heel cover) : 굽을 가죽으로 싸주는 것

⑳ 굽(heel) : 원하는 디자인에 따라 형태와 높이는 다양하다.

㉑ 뗀가와(천피 : top lift) : 굽의 마모와 손상을 방지하기 위해서 붙이는 것

㉒ 속메움(filler) : 바닥 부분의 속메움을 하여 창 보강을 도와주며, 충격 흡수에 도움을 준다.

㉓ 골밥(lasting margin) : 구두의 골씌움 작업을 하기 위해서 갑피와 내피의 여분을 주어 라스팅 작업을 한다.

㉔ 저부(bottom) : 구두의 갑피 부분을 제외한 아래 부분

7 구두 제작 공정

구두의 제작 공정은 만드는 방법에 따라 많이 다르다. 그러나 기본적인 메이킹 프로세스는 동일하다. 이 책에서는 시멘트 제조 공법에 따른 프로세스를 다음과 같이 정리하였다.

❶ **구두 디자인 및 패턴 공정** : 구두 디자이너가 브랜드 콘셉트에 맞는 스타일을 선정한 후 컬러, 소재, 장식을 매치하여 디자인하고, 그것을 패턴사에게 샘플의뢰서로 전달한 다음 패턴으로 만드는 공정

❷ **재단 공정** : 완성된 패턴을 가지고 재단사가 내피, 외피 패턴을 그리고 가위로 재단하는 손 재단 공정이 있고, 철형을 만들어서 프레스 기계를 사용하여 재단하는 프레스 재단 공정이 있다.

❸ **갑피 공정** : 재단된 부분을 봉제하기 전에 다양한 공정(스카이빙, 본드칠, 접음질)을 수행한 후 내피와 외피를 재봉틀로 박음질하고 최종 내피 홈칼질(이찌기리)을 하여 따내는 공정

❹ **가공 공정** : 골씌우기 공정에서 갑피와 같이 조립 작업을 할 수 있게 바닥 재료(중창, 겉창, 굽) 등을 만들어 내는 공정

❺ **저부 공정** : 갑피 작업이 끝난 후 라스트에 골씌움한 다음 창과 중창 그리고 굽을 붙이고 보행이 가능한 최종 구두를 완성하는 공정

❻ **끝손질 및 검사 공정** : 제작된 구두에서 작업 시 사용했던 접착제가 그대로 있거나 가죽 손상이 있을 경우 끝손질을 통해서 품질을 높이고 안쪽에 골씌움 작업에서 사용했던 못이 있는 것을 최종적으로 검사하는 공정

❼ **포장 공정** : 최종 완성된 구두를 판매하기 위해서 더스트백 또는 화지로 일차적인 포장을 하고 품질보증서와 가격 태크를 삽입한 후 하드케이스로 포장하는 공정

Chapter

1

플랫 구두

flat shoes

디자인 공정

- 콘셉트 드로잉
- 러프 스케치
- 패턴, 소재 선정
- 스케치
- 최종 디자인
- 작업 지시서

재단 공정

- 외피 및 내피 그리기 공정
- 외피 및 내피 오리기 공정

갑피 공정

- 외피 및 내피 스카이빙(피할) 공정
- 외피 및 내피 본드칠 공정
- 내피와 갑보(지활재) 연결 공정
- 외피 패턴 대고 그리기 공정
- 외피 테이프 넣기 공정
- 외피 칼금 넣기 공정
- 외피 접음질 공정
- 내피 박음질 공정
- 외피 바이어스 테이프 연결 공정
- 외피 박음질 공정
- 외피 바이어스 테이프 접음질 공정
- 외피와 내피 붙이는 공정
- 내피 홈칼질 공정
- 최종 갑피 완성

저부 공정

- 중창 본드칠 공정
- 중창 싸기 공정
- 라스트에 중창 덮기 공정
- 제갑(갑피) 연화 공정
- 월형 삽입 공정
- 선심 삽입 공정
- 골씌움(골싸기) 공정
- 건조 공정
- 건조 후 못 빼는 공정
- 연마 공정
- 바닥면 접착제 칠하기 공정
- 창 붙이는 공정
- 케어 공정
- 라스트 분리(탈골) 공정
- 화인(불박) 공정
- 까래(브랜드) 붙이기 공정
- 최종 제품 완성

flat
shoes
making
process

1 디자인 공정

1 콘셉트 드로잉

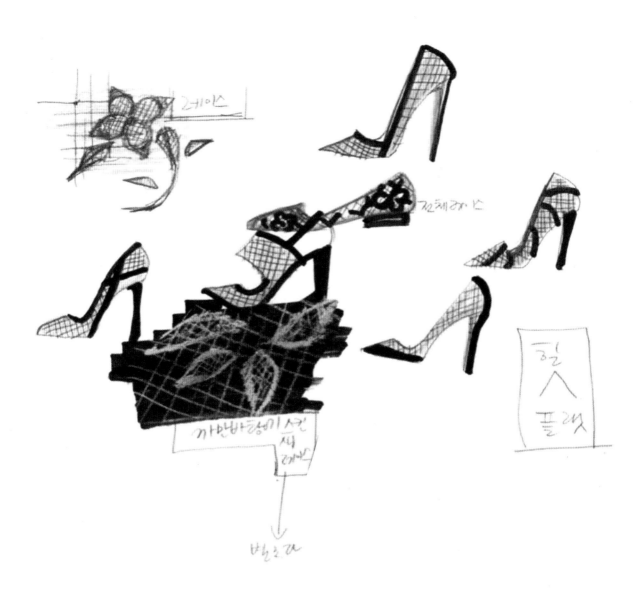

2 러프 스케치

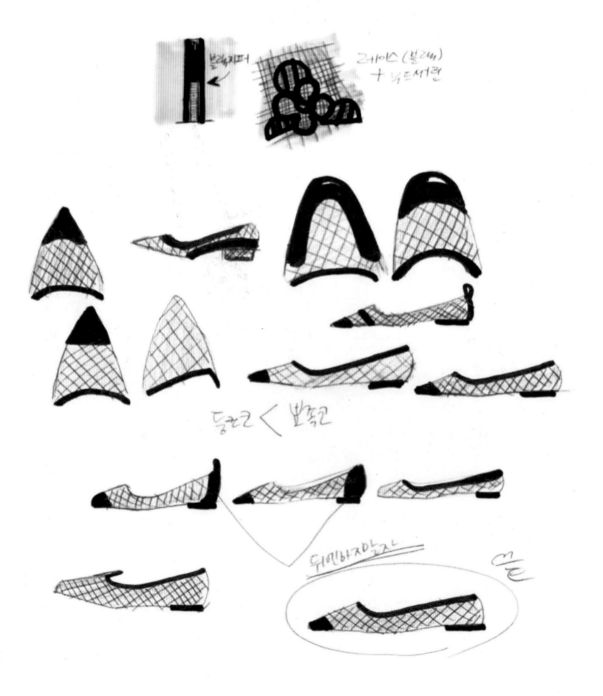

③ 패턴, 소재 선정

❶ 다양한 레이스 패턴(대각선, 직선, 사선, 곡선) 중에서 자신이 원하는 패턴을 선택한다.
❷ 선택한 패턴의 크기와 컬러를 최종적으로 선택한다.

④ 스케치

⑤ 최종 디자인

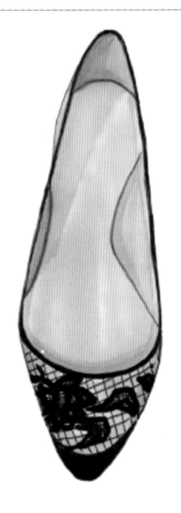

⑥ 작업 지시서

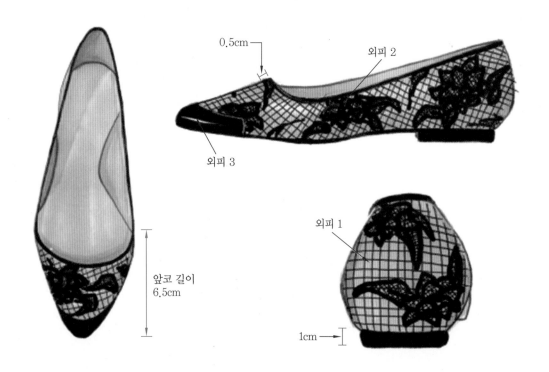

0.5cm

외피 2

외피 3

외피 1

앞코 길이
6.5cm

1cm

소재	외피 1		NS 피혁 누드 새틴
	외피 2		NS 상사 블랙 레이스
	외피 3		NS 피혁 블랙 에나멜
	내피		NS 피혁 베이지 돈피

제품명	레이스 플랫(lace flat)
디자이너	Mr. Cha
작성인	Mr. Cha
작성일	2013-4-18
브랜드	NS SHOES
시즌	2013 s/s
타깃	20대 초반~20대 후반
라스트	NS 1301
힐	NS 73501
창	블랙 판창
중창	NS 35-240
갑보	베이지 양가죽
월형	○
선심	○
까래	로고 불박
데코레이션	×
뗀가와	블랙
가보시	×
부자재	×

2 재단 공정

1 외피(원단) 및 내피 그리기 공정

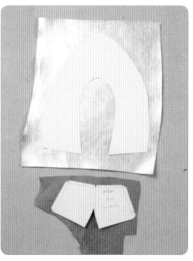
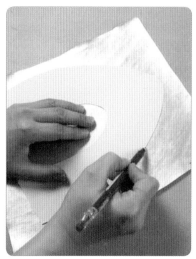

외피 가죽에 재단 패턴을 올려놓고 은펜으로 패턴의 외곽선을 그려준다. 이 경우 한쪽(좌)만 그려주는 것이기 때문에 다른 한쪽(우)은 패턴을 뒤집어서 같은 방법으로 외곽선을 그려주면 된다. 이때 재단 패턴은 실제 패턴보다 6mm 정도 띄어 만들어 주는데, 이는 제갑(갑피) 작업 시 접기 위한 간격을 주기 위해서이다. 접는 작업 과정이 없는 경우는 실제 패턴으로 재단하면 된다.

내피 가죽의 경우 하단은 1:1 패턴으로 그려주고 발등 부분은 상단만 10mm 살려 그려주는데, 그 이유는 외피 가죽과 내피 가죽 결합 후 홈 칼질을 하기 위한 간격이 필요하기 때문이다.

2 외피 및 내피 오리기 공정

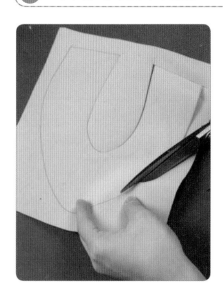

외피 가죽과 내피 가죽 외곽선을 따라 재단 칼이나 가위로 각각 재단한다. 칼로 재단 시에는 정교하지만 시간이 많이 소요되고, 숙련되지 않으면 사고로 이어지기 때문에 주의해야 한다. 가위로 재단 시에는 숙련되지 않아도 재단할 수 있으며 칼로 재단하는 것보다 정교하지는 않지만 위험성은 낮다.

3 갑피 공정

플랫(단화) 갑피 제작을 위한 준비물은 다음과 같다.

원자재인 외피 가죽 , 내피 가죽, 바이어스 가죽, 패턴, 실 (중복되는 준비물은 제외)

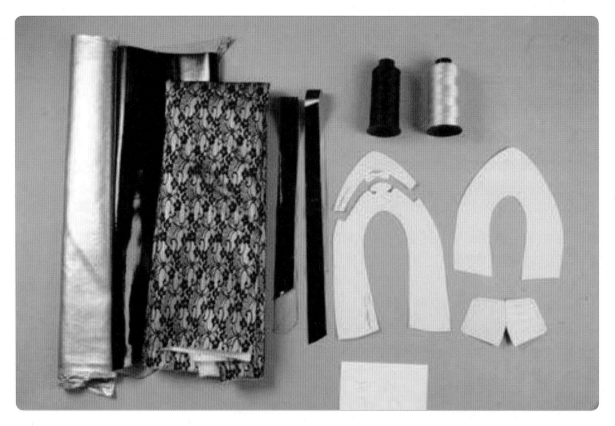

Tip ▶ 싸개 가죽은 대스끼(피할) 과정을 한 후 사용해야 한다. 그 이유는 최대한 얇은 가죽으로 만들어서 싸야 접착이 잘 되고 보
기에도 좋기 때문이다. 싸개 가죽에는 중창싸개용, 굽싸개용 등이 있다.

① 외피 및 내피 스카이빙(피할) 공정

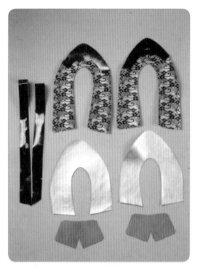

❶ 철자로 스카이빙 폭을 정확하게 파악한 후 재단된 외피 가죽을 스카이빙한다. 스카이빙 공정을 통해 외피 가죽의 가장자리를 접거나 포개어 접음질하는 면과 면이 잘 맞게 하고 가죽 두께를 줄여주면 재봉틀도 편하게 할 수 있으며 디자인상 자연스럽고 착화 시 압박을 줄여줄 수 있다. 조립(저부) 공정에서 사용하는 중창싸개용, 굽싸개용 외피 가죽은 큰 스카이빙(대스끼)을 한 후 작업한다.

❷ 재단, 스카이빙을 한 외피, 내피 가죽의 모습

② 외피 및 내피 본드칠 공정

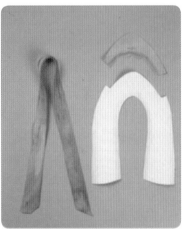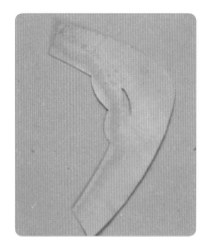

❶ 피할한 외피 가죽 뒷면에 속 테이프를 넣기 위해 2cm 정도 간격에 본드칠해 준다. 갑피 공정할 때 주로 사용되는 접착제는 스타본드(No. B5)이다.

❷ 외피 가죽에 본드칠이 완성된 모습

❸ 내피를 외피에 부착하기 위해서 스타본드를 이용해서 안쪽 2cm 정도에 본드칠한다.

❹ 내피와 갑보(지활재)를 붙이기 위해 갑보(지활재)의 양쪽 끝 5mm 정도에 본드칠한다.

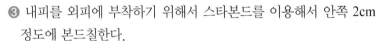
③ 내피와 갑보(지활재) 연결 공정

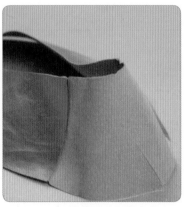

내피에 본드칠한 지활재를 붙여준다. 지활재는 주로 돈피나 합성원단(샤무드)을 사용한다.

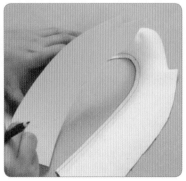
④ 외피 패턴 대고 그리기 공정

❶ 본드가 어느 정도 마른 상태에서 외피 패턴을 대고 은펜으로 외곽선을 그린다. 그리기 공정에서 중요한 점은 흔들리지 않도록 평평한 곳에서 작업을 하는 것이다. 일반적으로 패턴과 가죽을 스테이플러로 고정한 후 그려준다.

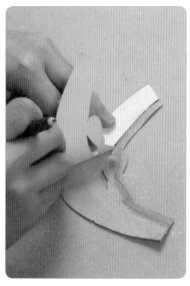

❷ 앞코 부분에 사용되는 가죽에 역시 패턴을 댄 후 은펜으로 선을 그린다.

---

⑤ 외피 테이프 넣기 공정

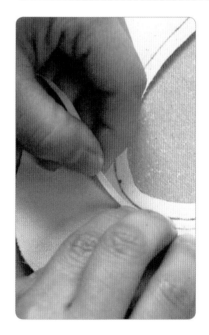

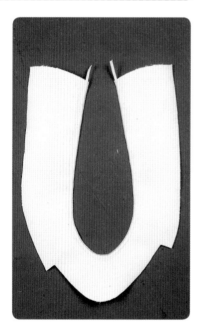

❶ 그리기 공정이 끝난 후 그린 선에서 1mm 정도 떼어서 3mm 도리테이프를 일정하게 붙인다. 도리테이프는 박음질할 때 힘이 들어가 견고하게 만들어주고 디자인 선을 잡아주는 역할을 한다.

❷ 이번 플랫 제작에서는 톱 라인(아구) 부분에 바이어스 처리를 할 것이기 때문에 테이프를 붙이고 남은 바깥쪽 선을 깔끔하게 칼로 잘라낸다.

❸ 외피 도리테이프 작업이 완성된 모습

⑥ 외피 칼금 넣기 공정

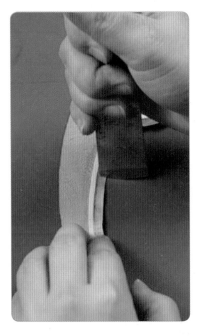
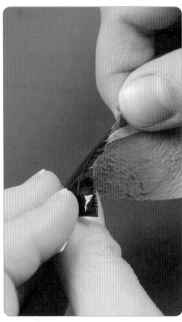

외피와 연결할 앞코 가죽에도 도리테이프를 붙인 후 접음질을 위해 갑피용 칼로 칼금을 준다. 3mm 정도 떨어진 간격을 주며 칼금 간격은 2mm 정도로 한다.

칼금 작업이 없이 접음질하면 접음질이 고르게 되지 않고 패턴이 곡선 부분일 경우 접음질이 잘 되지 않기 때문에 필수로 해야 한다. 이때 칼의 뒷부위가 축이 되어 앞에서 뒤로 칼금 작업을 한다.

⑦ 외피 접음질 공정

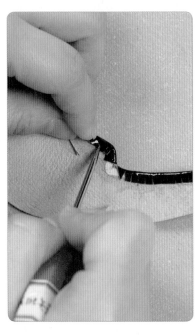
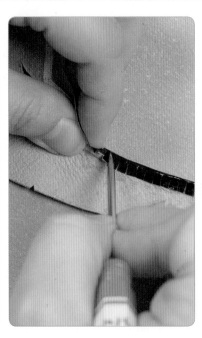

칼금 공정이 끝난 후 송곳이나 손으로 접는 여분을 접으면서 망치로 가볍게 눌러준다. 접음질 할 때에는 가죽의 테이프 부착 라인에 왼손 검지를 밀착하여 넘겨가며 부착한다. 이때 접는 여분이 깨끗하게 부착되고 주름이 생기지 않도록 주의해야 한다.

⑧ 내피 박음질 공정

❶ 재봉틀로 연결된 내피와 지활재를 미리 본드로 붙여 놓은 부분을 고르게 박음질한다.

 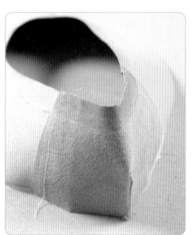

❷ 지활재의 아랫부분도 연결하여 내피 연결을 완성한다.

9 외피 바이어스 테이프 연결 공정

길게 자른 가죽으로 바이어스 테이프를 만들어 외피의 톱 라인(아구) 부분에 맞춰 붙인 후 겉과 겉을 맞댄 외피와 바이어스를 재봉틀로 박는다.

10 외피 박음질 공정

외피 앞코 부분과 뒷부분을 재봉틀로 박음질하여 연결한다. 박음질할 때 가죽이 흔들리지 않도록 손으로 위아래를 잡는다.

⑪ 외피 바이어스 테이프 접음질 공정

❶ 바이어스의 곡선 부분에 가위밥을 준 후 외피 안쪽으로 접음질하여 넘긴다.

❷ 외피 연결이 완성된 모습

⑫ 외피와 내피 붙이는 공정

❶ 각각 작업한 외피와 내피를 붙이는데 내피 가죽을 외피 가죽 위에 사진처럼 10mm 정도 올라오게 하여 부착한다. 이때 외피가 울지 않도록 부착해야 한다. 외피와 내피를 잘 부착하기 위해서는 여러 번 밀어주고 당겨주면서 자리를 잡아주는 것이 중요하다.

❷ 외피와 내피를 붙인 후 작업 지시서에 표시한 실로 박음질한다. 일반적으로 외피 색상과 어울리는 실(재실)로 박음질해 준다. 바이어스를 두른 선을 따라서 박음질하여 외피 가죽과 내피 가죽을 결합시켜 준다.

⑬ 내피 홈칼질 공정

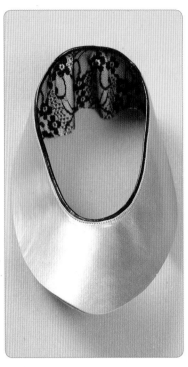

최종 재봉틀 작업을 한 후 내피의 남은 부분을 가위로 잘라낸다. 이런 홈칼질 작업을 현장에서는 이찌기리라고 한다. 주로 가위나 홈칼질용 칼을 사용하여 작업한다. 홈칼질 공정 작업을 할 때 가위를 비스듬히 눕히고 남은 가죽을 살짝 당기면 쉽게 작업할 수 있다.

⑭ 최종 갑피 완성

플랫(단화) 제갑(갑피) 작업이 완성된 모습

4 저부 공정

플랫(단화) 제작을 위한 저부(조립) 준비물은 다음과 같다.

완성된 제갑(갑피), 중창, 창, 선심, 월형, 까래 스펀지, 까래 속메움천, 중창싸개 가죽(중복되는 준비물 제외)

1 중창 본드칠 공정

❶ 중창 싸기를 하기 위해 중창 끝 부분에서 안쪽 방향으로 6~8mm 정도 본드칠한다.

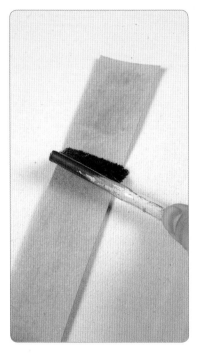

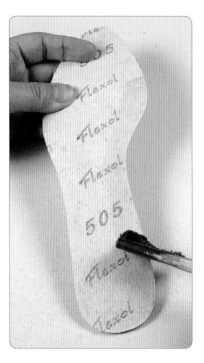

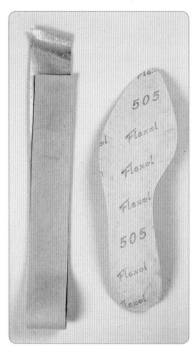

❷ 중창싸개용 가죽에도 본드칠 한다.

❸ 중창 바닥 부분도 마찬가지로 앞 1/3 지점부터 가장자리에 본 드칠한다.

❹ 중창과 중창싸개 가죽에 본드 칠이 완성된 모습

---

② 중창 싸기 공정

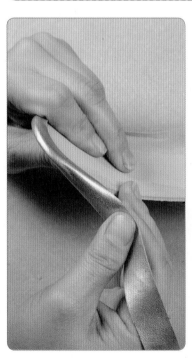

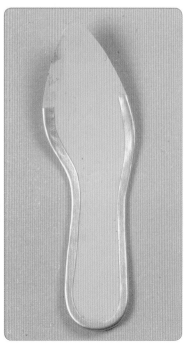

❶ 앞에서 1/3 지점부터 중창싸개 가죽으로 중창을 둘러싼다. 이때 주름이 생기지 않도록 가죽을 잘 늘려가며 작업한다.

❷ 중창 싸기가 완성된 모습

③ 라스트에 중창 덮기 공정

  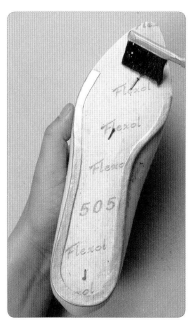

❶ 라스트에 중창을 붙인다(중창 고정). 먼저 뒤꿈치 부분을 고정한 다음 중간 부분(주로 아대의 시작 부분)도 고정해 준다. 두 번째 고정이 끝난 후 앞부분을 고정하면 된다.

❷ 라스트에 중창 덮기가 완성된 모습

❸ 라스트에 중창 덮기가 완성되면 전체적으로 다시 한 번 본드 칠해 준다. 주로 936 본드를 사용한다.

④ 제갑(갑피) 연화 공정

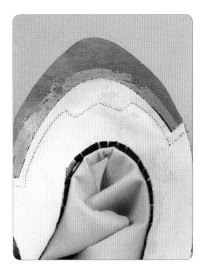 

완성된 제갑(갑피)에 골씌움 작업을 쉽게 하기 위해서 연화제(소주)를 뿌려 가죽을 부드럽게 만들어 준다. 부드러운 양가죽일 경우에는 그냥 작업을 해도 무관하지만 딱딱한 소가죽의 경우 꼭 연화제를 뿌려주고 작업을 해야 한다.

⑤ 월형 삽입 공정

 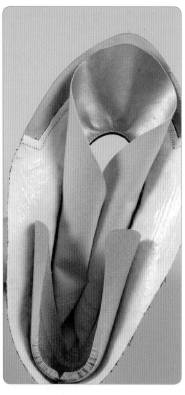

❶ 월형을 삽입하기 위해서 윗부분
을 중심으로 본드칠한다. 가죽과
월형에 모두 본드칠한다. 이때 사
용하는 본드는 936 본드이다.
❷ 본드칠한 부분에 월형을 삽입한
다. 이때 자신이 원하는 만큼의
크기로 월형을 만들어 준다.

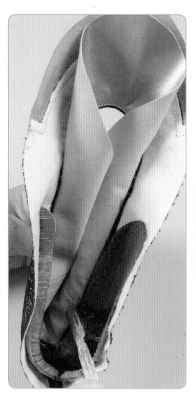 

❸ 안착된 월형에 다시 본드칠한다.
❹ 내피와 본드칠한 월형이 울지 않
도록 잘 펴준다. 이때 월형의 형
태를 유지하도록 김밥을 말아주
는 것처럼 감싸주면 잘 삽입된다.

6 선심 삽입 공정

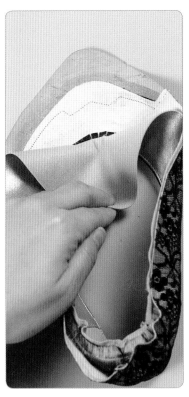
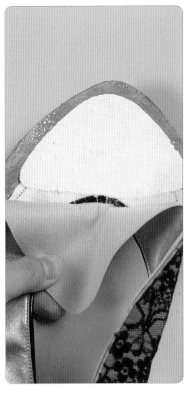

❶ 앞부분 외피와 내피 사이에 본드 칠을 해 준다. 선심 삽입을 하기 위한 첫 번째 단계이다.

❷ 선심을 토라인에서 1.5cm 정도 떨어진 부분에 안착해 준다.

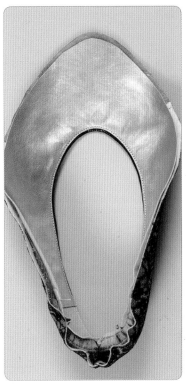

❸ 안착된 선심에 다시 본드를 바른다.

❹ 앞부분 내피와 외피 사이에 선심을 삽입하여 완성한 모습

7 골씌움(골싸기) 공정

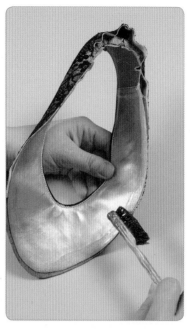

❶ 월형과 선심 삽입 공정이 끝나고 나면 골씌움 작업을 위한 준비로 내피 안쪽 아랫부분에 본드칠해 준다.

❷ 라스트에 갑피를 얹고 중심을 맞춘다.

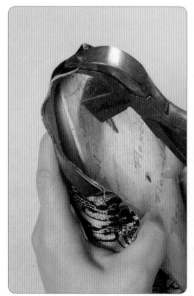

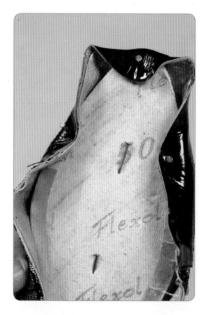

❸ 첫 시작은 라스트 앞부분부터 골씌움(골싸기)을 한다. 이때 고소리로 갑피 부분을 당겨주고 못을 박는다.

❹ 첫 번째 골씌움 못을 박아주고 중심을 맞추어 좌우로 못을 박으면서 골씌움을 한다. 이것이 2, 3번 중심 못 박기 작업이다.

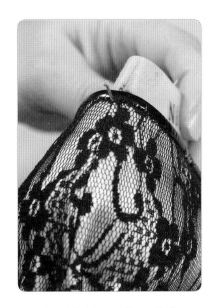
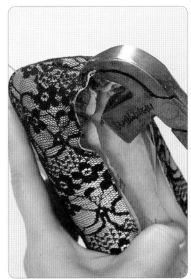

❺ 뒤꿈치(뒤축 포인트 지점, 도쿠리) 부분에 못(금못)을 박는다. 이때 못을 재봉틀 선 밖으로 박게 되면 가죽이 손상되기 때문에 재봉틀 선 사이에 박아주어야 한다. 금못은 뒤꿈치 부분(4번 중심못)에만 사용한다.

❻ 뒤꿈치 못을 박고 나서 아랫부분 골밥 부분(5번 중심못)에 못을 박아준다.

❼ 4, 5번 못을 박고 나서 아치 부분에 좌우로 못을 박아준다. 이때 못은 좌우 발볼 위치로 박아주면 되는데 대각선으로 당겨주면서 박아주어야 전체적으로 선이 아름답게 나온다. 여기까지가 6, 7번 중심 못 박기 완성이다.

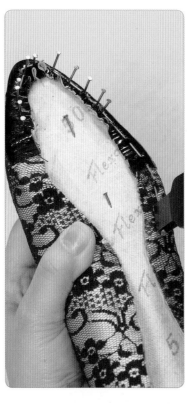

❽ 앞코 부분은 곡선 때문에 주름이 생겨 촘촘히 박아주어야 주름이 없어지므로 기본적인 중심잡기 골씌움이 끝나고 나면 다시 촘촘하게 못을 박아준다. 이때 한 땀 한 땀 당기면서 박아주고 다시 망치질 해주어야 전체적으로 완성도가 높아진다.

❾ 앞부분 골씌움이 완성된 후 중간 부분은 에어타카로 촘촘히 밀어주면서 박아주면 된다. 특히 라스트 안쪽은 자연스럽게 형태를 유지하면서 박아준다. 바깥쪽은 타카총을 밀어주면서 박아주어야 한다.

❿ 중간 부분이 끝난 후 뒷굽 부분도 촘촘하게 박아주면 골씌움 작업이 완성된다.

⓫ 골씌움 작업이 완성된 모습

⓬ 골씌움 작업이 완료된 후 뒤꿈치에 있는 금못을 제거한다.

8 건조 공정

　골씌움 작업이 끝나고 나면 건조기(찜통)에 넣고 100℃에서 30분간 건조한다.
　건조기에 구두가 들어간 후 작업자는 남는 시간에 굽싸기 공정과 창 본드칠하기 공정을 작업하면 된다.

9 건조 후 못 빼는 공정

 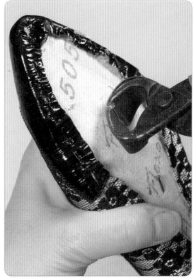 

　건조되고 나온 구두의 못과 타카핀(스테이플러)을 모두 제거해 준다. 이때 라스트와 중창 덮기 작업을 했던 못도 모두 다 제거해 준다.
　앞부분과 아치 부분에 있는 못과 타카핀은 모두 제거해야 하지만 굽자리 부분에 있는 못은 남겨두어도 상관은 없다. 못을 제거할 때 방울집게나 송곳을 사용하여 작업하는데 집게 방향은 바깥쪽에서 안쪽으로 하여 작업한다.
　못을 제거하지 않으면 탈골 후 못이 나와 착화 시 큰 사고가 발생할 수 있다.

❿ 연마 공정

❶ 연마 공정은 창과 골씌움 한 라스트를 붙이기 위한 공정이다. 이때 중창 부분이 잘려나가지 않도록 조심해야 한다. 칼로 주름 잡힌 부분과 두꺼운 부분을 제거해 준다.

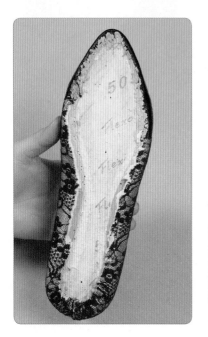

❷ 칼로 주름과 두꺼운 부분을 제거한 모습

❸ 라스트 바닥에 창을 대고 은펜을 이용하여 창 라인을 그려준다.

❹ 연마 기계를 사용하여 전체적으로 고르게 만들어 준다. 이때 그려준 창 라인을 넘지 않도록 주의해야 한다.

⑪ 바닥면 접착제 칠하기 공정

연마한 바닥 표면에 창을 붙이기 위해서 936 본드를 칠하는 작업이다. 이때 너무 많이 본드칠을 하여 옆면에 나오지 않도록 조심해야 한다. 연마하고 초벌 본드칠 후 가운데 비어 있는 부분을 속메움 천으로 채우고 다시 한 번 전체적으로 본드칠한다. 속메움은 가죽이나 천, 스펀지 등 어떤 것을 사용해도 무방하다. 속메움을 하는 이유는 바닥면에 골씌움을 하고 나면 비어 있는 공간이 생기게 되는데, 이 비어 있는 공간을 메워주지 않으면 창이 잘 부착되지 않으며 평평하지 않아 착용 시 불편한 느낌을 주기 때문이다.

⑫ 창 붙이는 공정

❶ 창을 붙이기 위해서 936 본드를 사용하여 안에서 밖으로 본드칠한다. 안에서 밖으로 발라주는 이유는 창 옆면에 본드가 묻지 않도록 하기 위해서이다.

❷ 본드가 완전히 마른 창을 난로에 구워준다. 달궈진 창은 쉽게 늘어나기 때문에 창 붙이기가 용이하다. 너무 오랜 시간 열을 가하면 기포가 발생하면서 본드가 뜨게 되므로 주의해야 한다. 난로가 없는 경우 구두용 드라이어로 가열해 주고 붙이면 된다.

❸ 이번 플랫 창은 굽과 창이 일체형이기 때문에 1:1로 바닥면과 창을 붙이면 된다. 먼저 앞부분부터 진행하는데, 바닥창을 라스트 밑에 놓은 후 손으로 누르면서 붙인다.

❹ 그 다음 뒷부분을 맞추어 손으로 누르면서 붙인다.

❺ 이렇게 붙인 창과 바닥면을 망치로 밀어주면서 접착시킨다.

⑥ 접착한 창과 라스트를 압축기에 올린다.

⑦ 앞부분과 중간 뒷부분까지 잘 맞는지 확인한 후 압축기를 내린다.

⑧ 공기를 넣어 2초 정도 압축시켜 준다.

⓭ 케어 공정

❶ 망치를 이용하여 창이 뜨지 않도록 잘 눌러준다.

❷ 솔을 이용하여 구두약(슈크림)을 발라 본드가 묻었거나 오염된 부분을 지운다.

❸ 부드러운 천으로 닦아 광택을 낸다.

⑭ 라스트 분리(탈골) 공정

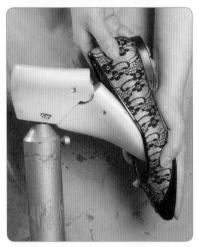

이 작업은 골빼기 작업이라고 하는데, 이 작업 시 뒷부분과 앞부분에 힘을 가하여 분리하면 구두 형태에 손상을 줄 수 있기 때문에 주의해서 작업해야 한다. 최대한 천천히 밀착했던 공기가 빠져나올 수 있도록 조심해서 분리한다.

⑮ 화인(불박) 공정

브랜드 네임을 붙이기 위해서 가열한 기계에 준비한 까래를 올리고 1~2초 정도 찍어주면 된다. 화인의 컬러는 금박지, 은박지, 블랙지 테이프 등 다양하게 나올 수 있다.

16 까래(브랜드) 붙이기 공정

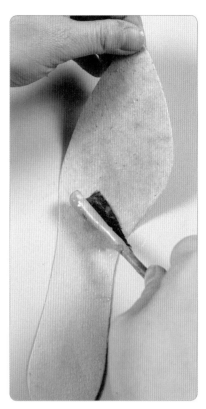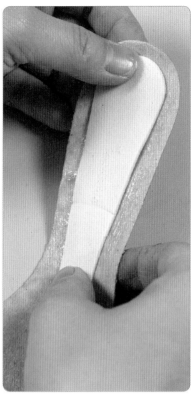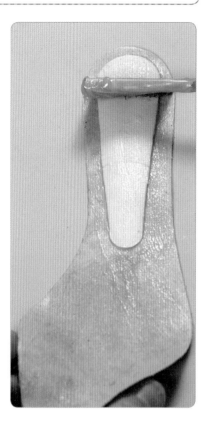

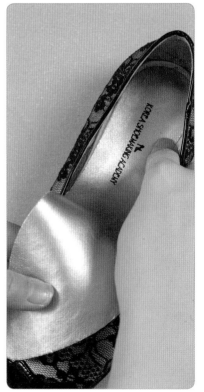

까래 뒷면에 스타본드를 안에서 밖으로 칠해준다. 그 위에 쿠션(스폰지)을 놓고 다시 본드칠해 준다. 이때 쿠션은 좌우 및 밑에서 10~15mm 떨어진 위치에 붙인다. 다시 한 번 본드칠한 후 마르면 본드가 내피에 묻지 않도록 주의하며 중창에 부착한다.

17 최종 제품 완성

Chapter 2

펌프스 구두

pumps shoes

디자인 공정

- 콘셉트 드로잉
- 러프 스케치
- 컬러, 소재 선정
- 스케치
- 최종 드로잉
- 작업 지시서

재단 공정

- 외피 및 내피 그리기 공정
- 갑보(지활재) 그리기 공정
- 외피 및 내피 오리기 공정

갑피 공정

- 외피 및 내피 스카이빙(피할) 공정
- 외피 본드칠 공정
- 내피 본드칠 및 연결 공정
- 내피 박음질 공정
- 외피 연결 공정
- 외피 테이프 넣기 공정
- 외피 뒤축 박음질 공정
- 외피 뒤 보강테이프 붙이기 공정
- 외피 바이어스 테이프 연결 공정
- 외피 바이어스 테이프 접음질 공정
- 외피와 내피 붙이는 공정
- 내피 홈칼질 공정
- 최종 갑피 완성

저부 공정

- 중창 본드칠 공정
- 중창 싸기 공정
- 라스트에 중창 덮기 공정
- 제갑(갑피) 연화 공정
- 월형 삽입 공정
- 선심 삽입 공정
- 골씌움(골싸기) 공정
- 가보시(플랫폼) 본드칠 공정
- 가보시 싸기 공정
- 굽 싸기 공정
- 건조 및 못 빼는 공정
- 연마 공정
- 바닥면 본드칠하기 공정
- 가보시 붙이는 공정
- 창 붙이는 공정
- 굽 붙이는 공정
- 라스트 분리(탈골) 공정
- 굽 못 박는 공정
- 화인(불박) 공정
- 까래(브랜드) 붙이기 공정
- 최종 제품 완성

pumps
shoes
making
process

1 디자인 공정

1 콘셉트 드로잉

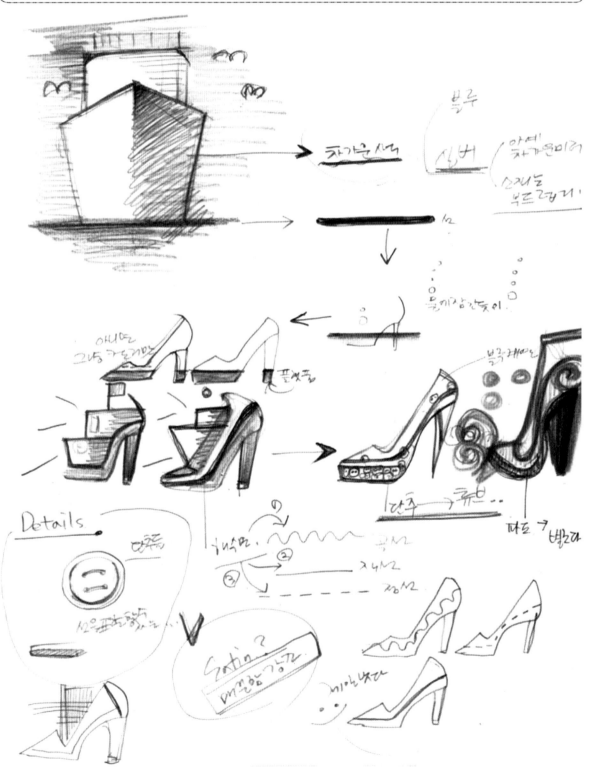

② 러프 스케치

③ 컬러, 소재 선정

❶ 다양한 컬러 조합을 생각해 본다.
  (실버+블랙+블랙 또는 화이트+실버+실버)

❷ 외피에 사용되는 다양한 컬러 조합에서 컬러 비율(1:9, 7:3, …)을 최종적으로 선택한다.

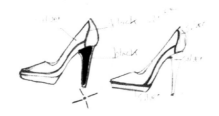

④ 스케치

⑤ 최종 디자인

❻ 작업 지시서

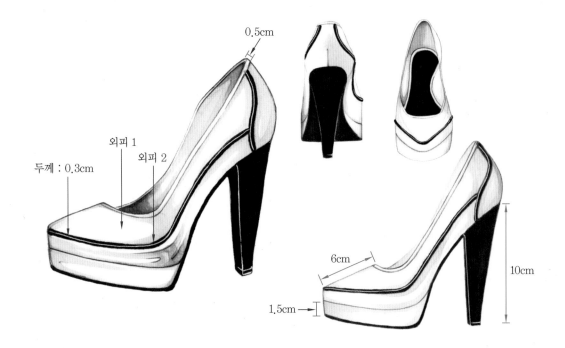

0.5cm

외피 1

외피 2

두께 : 0.3cm

6cm

10cm

1.5cm

소재	외피 1		NS 피혁 실버 새틴
	외피 2		NS 피혁 블랙 에나멜
	내피		NS 피혁 화이트 돈피

제품명	실버 새틴 펌프스(silver satin pumps)
디자이너	Mr. Cha
작성인	Mr. Cha
작성일	2013-4-18
브랜드	NS SHOES
시즌	2013 s/s
타깃	20대 초반~20대 후반
라스트	NS 1308
힐	NS 73510
창	블랙 판창
중창	NS 35-240
갑보	화이트 양가죽
월형	○
선심	○
까래	로고 실버 불박
데코레이션	×
뗀가와	NS 73510 블랙
가보시	1.5cm
부자재	×

2 재단 공정

1 외피(원단) 및 내피 그리기 공정

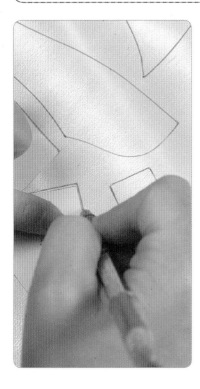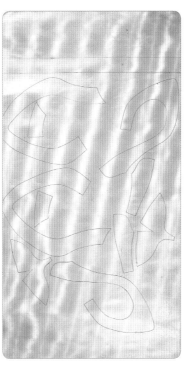

❶ 외피 원단에 재단 패턴을 올려 놓고 은펜(또는 사인펜)으로 패턴의 외곽선을 그려준다. 이 경우 한쪽(좌)만 그려주는 것이기 때문에 다른 한쪽(우)은 패턴을 뒤집어서 같은 방법으로 외곽선을 그려주면 된다.

이때 재단 패턴은 실제 패턴보다 6mm 정도 띄어 만들어 주는데, 이는 제갑(갑피) 작업 시 접기 위한 간격을 주기 위해서이다. 접는 작업 과정이 없는 경우는 실제 패턴으로 재단하면 된다.

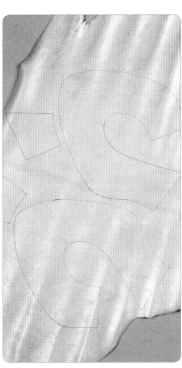

❷ 내피 가죽의 경우 하단은 1:1 패턴으로 그려주고 발등 부분은 상단만 10mm 살려 그려주는데, 그 이유는 외피 가죽과 내피 가죽 결합 후 홈 칼질을 하기 위한 간격이 필요하기 때문이다.

❷ 갑보(지활재) 그리기 공정

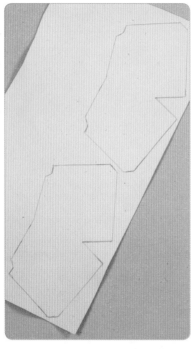

뒤꿈치가 벗겨지지 않기 위해 뒤축을 보강하는 갑보(지활재) 역시 펜으로 패턴의 외곽선을 그려준다.

❸ 외피 및 내피 오리기 공정

외피 원단과 내피 가죽 외곽선을 따라 재단 칼이나 가위로 각각 재단한다. 대량으로 재단할 때는 철형을 만들어 프레스 재단을 주로 하고 소량일 때는 개인이 칼로 하나하나 재단하는 것이 일반적이다.

칼로 재단 시에는 정교하지만 시간이 많이 소요되고, 숙련되지 않으면 사고로 이어지기 때문에 주의해야 한다. 가위로 재단 시에는 숙련되지 않아도 재단할 수 있으며 칼로 재단하는 것보다 정교하지는 않지만 위험성은 낮다.

3 갑피 공정

펌프스 갑피 제작을 위한 준비물은 다음과 같다.

원자재인 외피 가죽, 내피 가죽, 패턴, 실(중복되는 준비물은 제외)

Tip 싸개 가죽은 대스끼(피할) 과정을 한 후 사용해야 한다. 그 이유는 최대한 얇은 가죽으로 만들어서 싸야 접착이 잘 되고 보기에도 좋기 때문이다. 싸개 가죽에는 중창싸개용, 굽싸개용 등이 있다.

❶ 외피 및 내피 스카이빙(피할) 공정

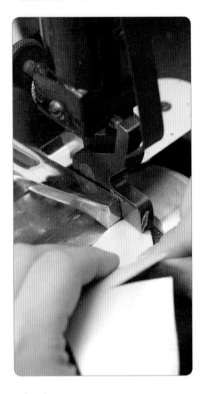 

❶ 철자로 스카이빙 폭을 정확하게 파악한 후 포개지는 부분을 스카이빙한다. 스카이빙 공정을 통해 가죽의 가장자리를 접거나 포개어 접음질하는 면과 면이 잘 맞아지게 하면 가죽 두께를 줄여주어 재봉틀도 편하게 사용할 수 있으며, 디자인상 자연스럽고 착화 시 압박을 줄여줄 수 있다.

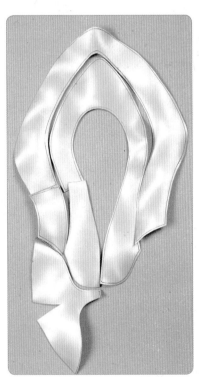 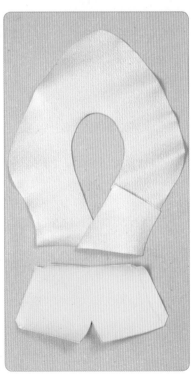 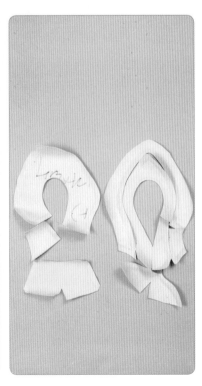

❷ 최종 외피, 내피 재단 및 스카이빙이 완성된 모습

② 외피 본드칠 공정

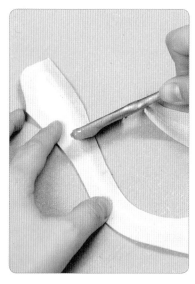
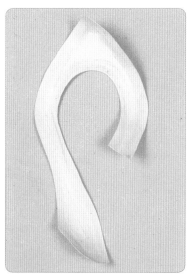

❶ 피할한 외피 원단 뒷면에 2cm 정도 간격으로 본드칠해 준다. 갑피 공정 시 주로 사용되는 접착용 본드는 스타본드(No. B5)이다.

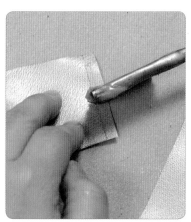
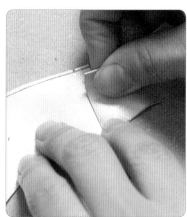

❷ 외피끼리 연결되는 부위도 5mm 정도 본드칠한 후 서로 붙여준다.

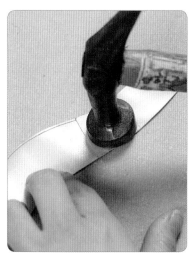
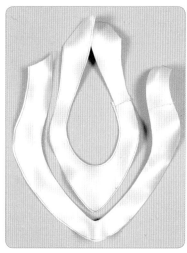

❸ 망치로 두들겨 고정시켜 준다.
❹ 외피에 본드칠이 완성된 모습

❸ 내피 본드칠 및 연결 공정

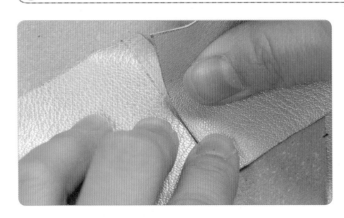

❶ 내피와 갑보(지활재)를 붙이기 위해 갑보 (지활재)의 양쪽 끝 5mm 정도에 본드칠해 준다.

 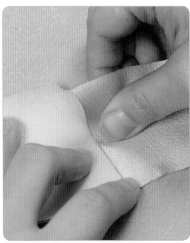 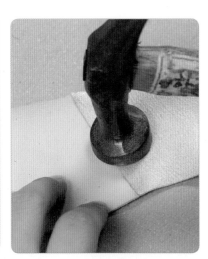

❷ 내피에 본드칠한 지활재를 붙여준 뒤 망치로 두들겨 고정시켜 준다. 지활재는 주로 돈피나 합성 원단(샤 무드)을 사용한다.

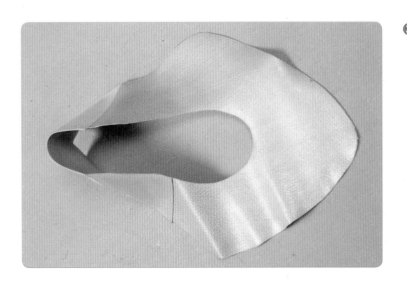

❸ 내피와 지활재가 연결된 모습

④ 내피 박음질 공정

❶ 재봉틀로 연결된 내피와 지활재를 미리 본드로 붙여 놓은 부분을 고르게 박음질한다.

 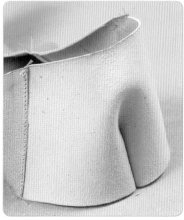

❷ 지활재의 아랫부분도 잊지 않고 연결한다.
❸ 내피 연결이 완성된 모습

⑤ 외피 연결 공정

❶ 배색할 피혁을 길게 자른 후 일
정한 간격으로 칼금을 넣는다. 직
선으로 잘려진 가죽을 곡선의 패
턴을 가진 외피와 붙여야 하기 때
문에 칼금을 넣어 부드럽게 이을
수 있게 한다. 칼금의 현장 용어
는 임질이다.

❷ 외피와 배색 가죽을 붙인다.

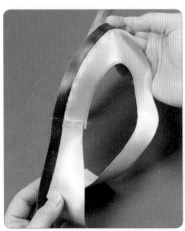

❸ 일정한 간격을 유지하도록 확인
하며 부드러운 곡선을 만든다.

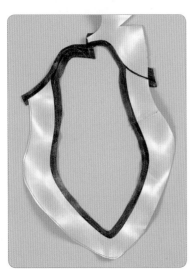
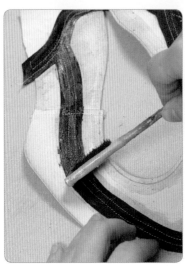

❹ 배색 가죽을 붙인 모습
❺ 배색한 뒷부분에 본드칠한다.

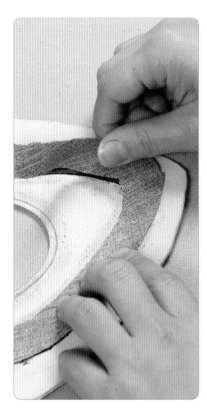
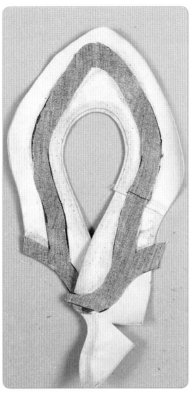

❻ 같은 모양으로 재단한 보강천
  을 붙인다. 보강천의 현장 용
  어는 와리천 또는 도리테이프
  이다.

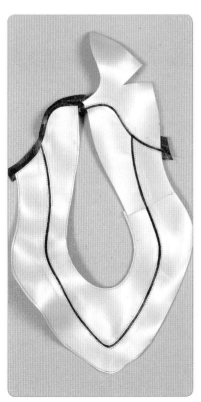

❼ 보강천을 붙인 후 잘 부착될 수 있도록 갑피를 전체적으로 두들겨 준다.

⑥ 외피 테이프 넣기 공정

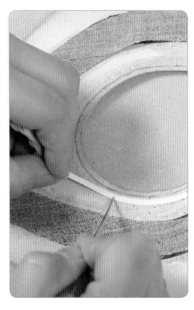

❶ 외피 본 패턴을 따라 그린 다음 그린 선에서 1mm 정도 띄어서 3mm 도리테이프를 일정하게 붙인다. 도리테이프는 박음질할 때 힘이 들어가 견고하게 만들어 주고 디자인 선을 잡아주는 역할을 한다.

❷ 망치로 두들기며 테이프를 고정시킨다.

❸ 톱 라인(아구) 부분은 바이어스 처리를 할 것이기 때문에 테이프를 붙이고 남은 바깥쪽 선을 깔끔하게 칼로 잘라낸다.

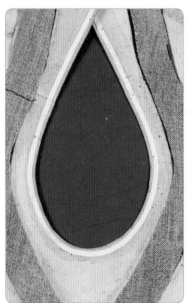

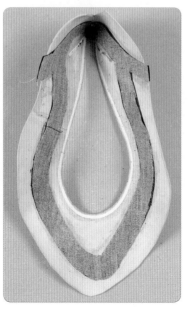

❹ 도리테이프 작업이 완성된 모습

⑦ 외피 뒤축 박음질 공정

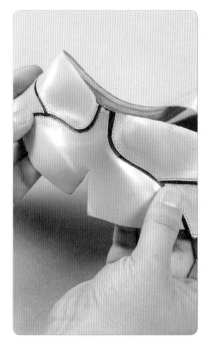 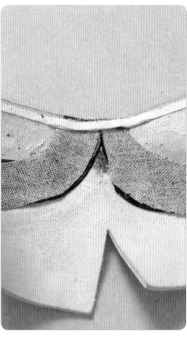 

외피의 뒤축 부분을 박음질하여 연결한다. 이때 원단이 흔들리지 않도록 손으로 위아래를 잡고 박음질한다.

⑧ 외피 뒤 보강테이프 붙이기 공정

 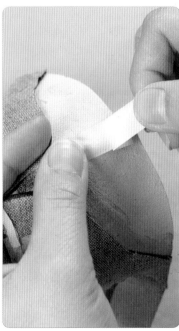

❶ 외피의 박음질한 부분을 고르게 망치로 두들겨 준다. 이는 보강테이프를 붙이기 전 박음선 부분을 평평하게 펴주기 위함이다.

❷ 1cm의 보강테이프를 위에서 아래로 매끄럽게 붙여준다.

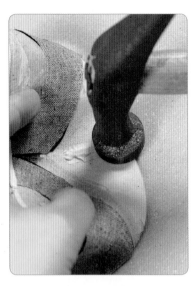 

❸ 다시 한 번 망치로 두들겨 잘 부착시켜 준다.
❹ 뒤축 보강이 완성된 모습

⑨ 외피 바이어스 테이프 연결 공정

❶ 외피 끝부분을 칼로 자른다.

❷ 길게 자른 가죽으로 바이어스 테이프를 만들어 외피의 톱 라인(아구) 부분에 맞춰 붙인다.

❸ 겉과 겉을 맞댄 외피와 바이어스를 재봉틀로 박는다.

⑩ 외피 바이어스 테이프 접음질 공정

❶ 재봉틀로 연결된 바이어스 부분을 뒤로 꺾는다.

❷ 바이어스의 곡선 부분에 가위밥을 준다.

❸ 외피 안쪽으로 접음질하여 넘긴다.

❹ 망치로 두들기며 잘 부착시킨다.
❺ 외피 연결이 완성된 모습.

⑪ 외피와 내피 붙이는 공정

각각 작업한 외피와 내피를 붙이
는데 내피 가죽을 외피 가죽 위에
10mm 정도 올라오게 하여 부착한
다. 이때 외피가 울지 않도록 부착
해야 한다. 외피와 내피를 잘 부착
하기 위해서는 여러 번 밀어주고 당
겨주면서 자리를 잡아주는 것이 중
요하다.

외피와 내피를 붙인 후 작업 지
시서에 표시한 실로 박음질한다. 일
반적으로 외피 색상과 어울리는 실
(재실)로 박음질해 준다. 접음질 선
에서 1.5mm 띄어 박음질한다.

⑫ 내피 홈칼질 공정

 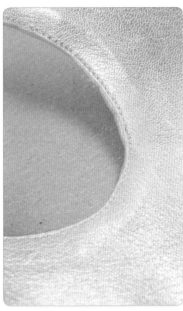

최종 재봉틀 작업을 한 후 내피의 남은 부분을 가위로 잘라낸다. 이런 홈칼질 작업을 현장에서는 이찌기리라고 한다. 주로 가위나 홈칼질용 칼을 사용하여 작업한다. 홈칼질 공정 작업을 할 때 가위를 비스듬히 눕히고 남은 가죽을 살짝 당기면 쉽게 작업할 수 있다.

⑬ 최종 갑피 완성

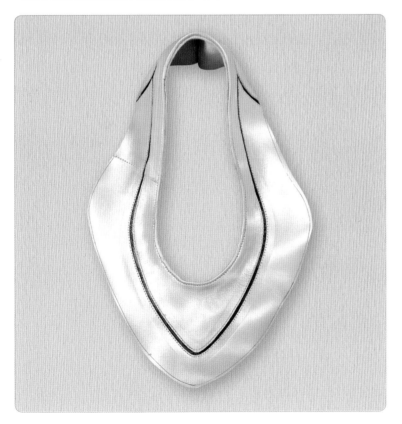

펌프스 제갑(갑피) 작업이 완성된 모습

4 저부 공정

펌프스 제작을 위한 저부(조립) 준비물은 다음과 같다.

완성된 제갑(갑피), 라스트, 중창, 창, 선심, 월형, 까래, 까래용 스펀지, 속메움천, 굽, 가보시(플랫폼), 굽싸개 가죽, 중창싸개 가죽, 가보시 가죽(중복되는 준비물 제외)

1 중창 본드칠 공정

 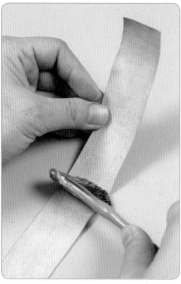

❶ 중창싸개 가죽에 연화제(소주)를 뿌려 가죽을 부드럽게 만든다.
❷ 중창싸개 가죽에 본드칠한다. 주로 스타본드를 사용한다.

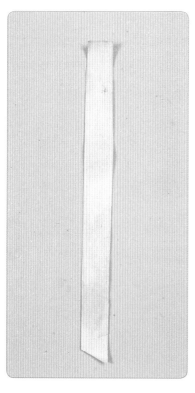

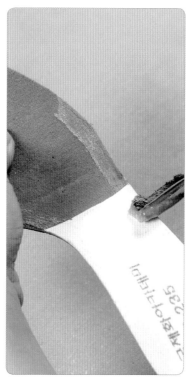

❸ 중창싸개 가죽에 본드를 칠한 모습

❹ 중창 싸기를 위해 스타본드를 사용해 중창 뒷면 끝부분에서 안쪽 방향으로 2~3mm 정도 본드칠한다.

❺ 라스트에 중창 덮기 작업을 하기 전에 중창 안쪽 부분에 전체적으로 고르게 본드칠한다.

❷ 중창 싸기 공정

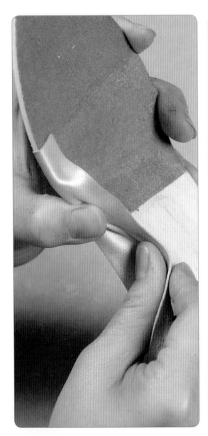  

❶ 앞에서 1/3 지점부터 중창싸개 가죽으로 중창을 둘러싼다. 이때 주름이 생기지 않도록 가죽을 잘 늘려가며 작업한다.

❷ 중창 싸기가 완성된 모습

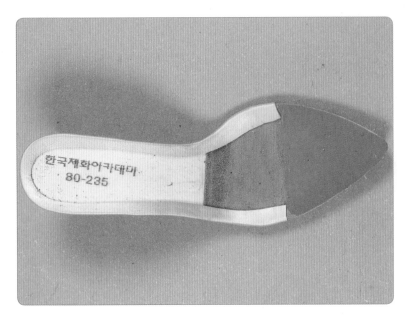

❸ 라스트에 중창 덮기 공정

❶ 라스트에 중창을 붙인 후 뒤꿈치 부분에 고정한다.

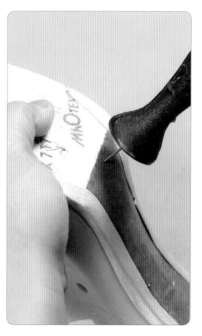

❷ 뒤꿈치 부분을 고정한 다음 중간 부분(주로 아대의 시작 부분)도 고정해 준다.

❸ 두 번째 고정이 끝난 후 앞부분을 고정한다.

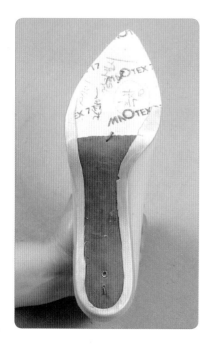

❹ 라스트에 중창 덮기가 완성된 모습

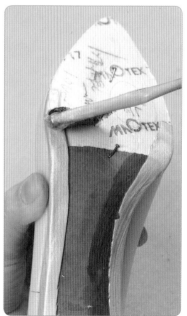

❺ 라스트에 중창 덮기가 완성되면 전체적으로 다시 한 번 본드칠해 준다. 주로 936 본드를 사용한다.

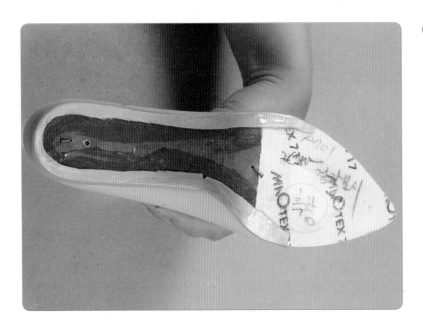

❻ 골씌움 작업을 하기 위한 사전
작업이 완성된 모습

❹ 제갑(갑피) 연화 공정

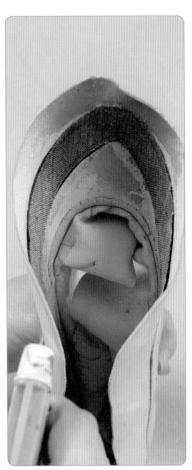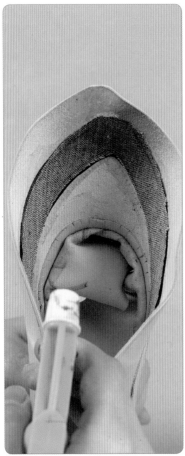

완성된 제갑(갑피)에 골씌움 작업
을 쉽게 하기 위해서 연화제(소주)
를 뿌려 가죽을 부드럽게 만들어 준
다. 부드러운 양가죽일 경우에는 그
냥 작업을 해도 무관하지만 딱딱한
소가죽의 경우 꼭 연화제를 뿌려주
고 작업을 해야 한다.

⑤ 월형 삽입 공정

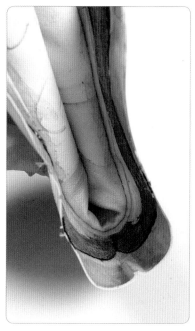

❶ 월형을 삽입하기 위해서 윗부분을 중심으로 본드칠해 준다. 가죽과 월형에 모두 본드칠한다. 이때 사용하는 본드는 936 본드이다.

❷ 본드칠이 완성된 모습

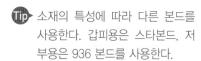
Tip▶ 소재의 특성에 따라 다른 본드를 사용한다. 갑피용은 스타본드, 저부용은 936 본드를 사용한다.

❸ 본드칠한 부분에 월형을 삽입한다. 이때 자신이 원하는 만큼의 크기로 월형을 만들어 준다.

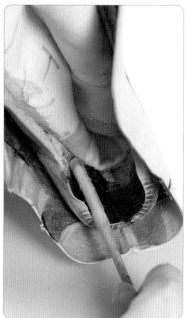

❹ 본드칠한 월형 끝부분을 잡고 당겨준다. 이렇게 월형의 끝부분과 가죽 앞부분을 당겨 월형이 안착될 수 있도록 만들어 준다.

❺ 안착된 월형에 다시 본드칠해 준다.

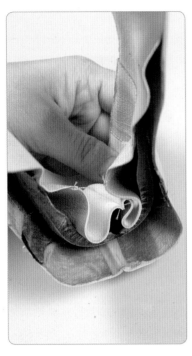 

❻ 내피와 본드칠한 월형이 울지 않
도록 잘 펴준다. 이때 월형의 형
태를 유지하도록 김밥을 말아주
는 것처럼 감싸주면 잘 삽입된다.

❻ 선심 삽입 공정

 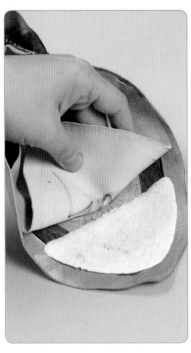 

❶ 앞부분 외피와 내피 사이에 936 본드를 칠해준다. 선심 삽입을 하기 위한 첫 번째 단계이다.

❷ 선심을 토라인에서 1.5 cm 정도 떨어진 부분에 안착해 준다.

❸ 안착된 선심에 다시 본드를 바른다.

7 골씌움(골싸기) 공정

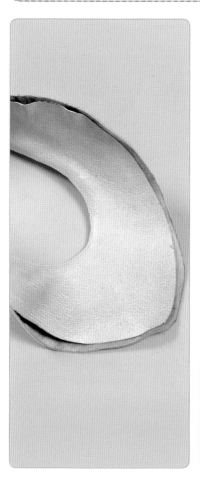 

❶ 월형과 선심 삽입 공정이 끝나고 나면 골씌움 작업을 위한 준비로 내피 안쪽 아랫부분에 본드칠해 준다.

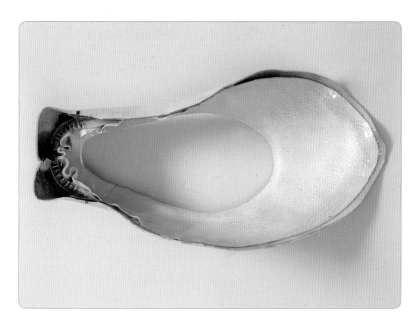

❷ 내피 아랫부분에 본드를 칠한 모습

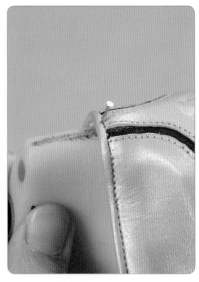

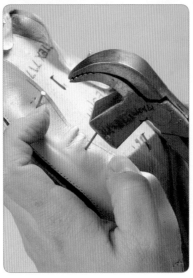

❸ 다른 아이템과 같이 첫 시작
은 라스트 앞부분부터 골씌움
(골싸기)을 하고 두 번째로 앞
코 옆부분을 골싸기한 뒤 나머
지 뒤꿈치 부분과 굽부분까지
골씌움을 순서대로 한다.

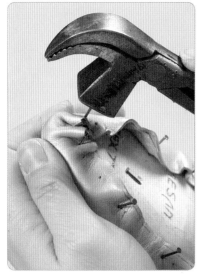

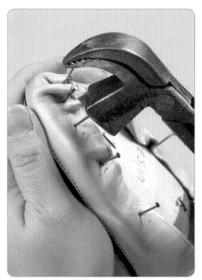

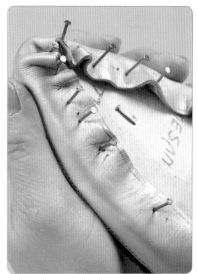

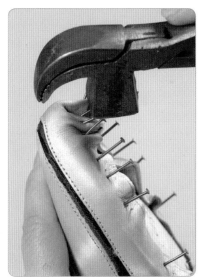

❹ 앞코 부분은 곡선 때문에 주름이 생겨 촘촘히 박아주어야 주름이 없어지므로 기본적인 중심잡기 골씌움이 끝나고 나면 다시 촘촘하게 못을 박아준다. 이때 한 땀 한 땀 당기면서 박아주고 다시 망치질해 주어야 전체적으로 완성도가 높아진다.

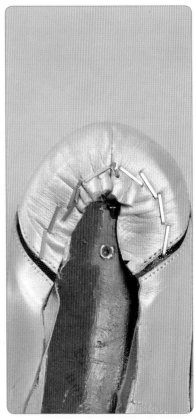
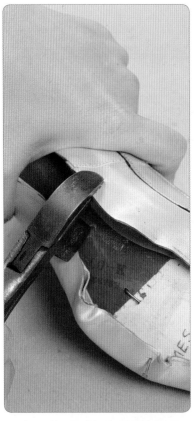
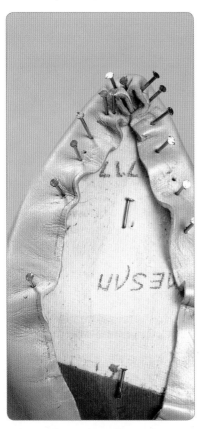

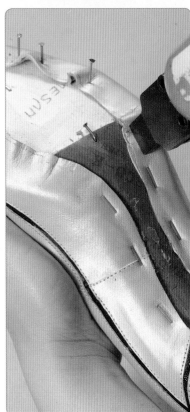
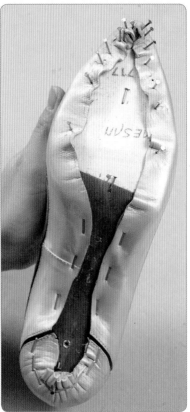

❺ 앞부분 골씌움이 완성된 후 중간 부분은 에어타카로 촘촘히 밀어주면서 박아준다. 특히 라스트 안쪽은 자연스럽게 형태를 유지하면서 박아주고 바깥쪽은 타카총을 밀어주면서 박는다. 안쪽은 너무 강하게 밀면 탈골하고 구두 형태가 변형될 수 있기 때문에 자연스럽게 박아준다. 그렇게 중간 부분이 끝난 후 뒷굽 부분도 촘촘하게 박아주면 골씌움 작업이 완성된다.

8 가보시(플랫폼) 본드칠 공정

❶ 가보시 가죽에 연화제(소주)를 뿌려 가죽을 부드럽게 만들어 준다.

❷ 가보시 가죽에 본드칠한다.

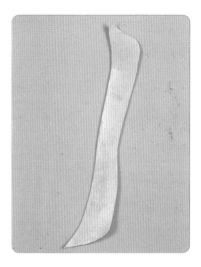

❸ 가보시 가죽에 본드칠한 모습

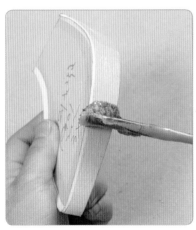

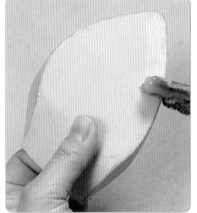

❹ 가보시 옆면과 가장자리 부분에 본드칠한다.

9 가보시 싸기 공정

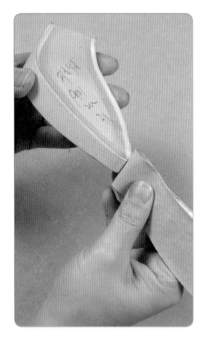

❶ 앞코에 가보시용 싸개 가죽을
  맞춘다.

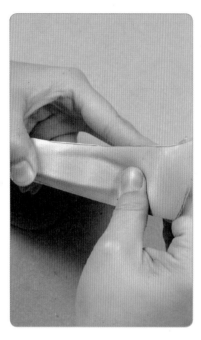

❷ 옆면을 잘 눌러가며 주름이 생
  기지 않도록 둘러싼다.

❸ 가보시 옆면을 가죽으로 둘러
  싼 모습

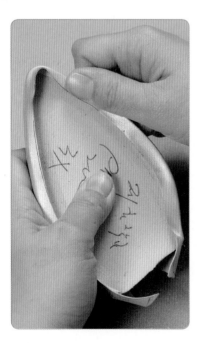

❹ 가보시의 윗면 가장자리에도
  가죽을 붙인다.

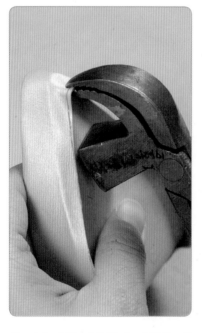

❺ 고소리를 이용하여 가죽을 잡
  아당기면서 주름지지 않도록 붙
  인다.

❻ 가보시 옆면과 윗면을 가죽으
  로 둘러싼 모습

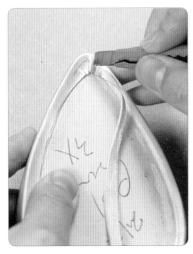
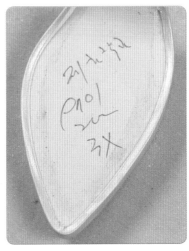

❼ 커터칼을 이용하여 여유분(남는 부분)을 정리한다.

❽ 윗면이 정리된 모습

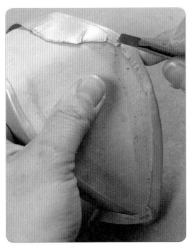
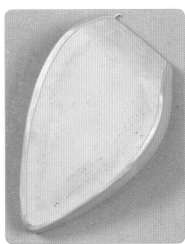

❾ 바닥 쪽도 마찬가지로 커터칼을 이용하여 정리한다.

❿ 바닥면이 정리된 모습

⑩ 굽 싸기 공정

❶ 굽 모양에 맞게 재단한 가죽에 연화제(소주)를 뿌려 가죽을 부드럽게 만들어 준다.

❷ 굽싸기를 할 가죽에 본드칠한다.

❸ 굽 뒷부분과 굽가슴, 윗부분 등에 전체적으로 본드칠한다.

❹ 본드칠한 굽과 창을 자연 건조한 후 붙인다.

❺ 주름이 지지 않도록 굽을 부드럽게 감싼다.

❻ 가죽의 한쪽 부분을 굽가슴까지 붙인다.

❼ 굽가슴 가운데에 맞추어 칼로 여유분을 잘라낸다.

❽ 남은 가죽을 부드럽게 감싼다.

❾ 끝을 맞추어 붙이고 굽자리 부분을 접어준다.

⓾ 칼로 남은 부분을 조심스럽게 잘
라낸다.

⓫ 남은 윗부분은 가위를 이용해 잘라낸 다음 접어준다.

⓬ 아래쪽도 마찬가지로 접어준다.

⑬ 가보시의 윗부분은 외곽 끝에서 2mm 남기고 전체적으로 고르게 본드칠한다. 본드가 노출되면 깨끗하지 않아 작업을 다시 해야 하기 때문에 1mm 정도 남긴다.

⑭ 굽싸개를 하고 빈 공간이 생긴 굽 윗부분은 속메움 천이나 가죽으로 메워주고 본드칠하면 굽싸기 작업이 완료된다.

⑪ 건조 및 못 빼는 공정

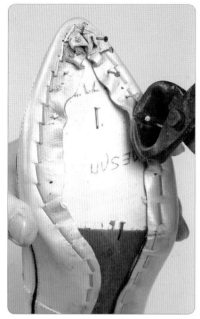
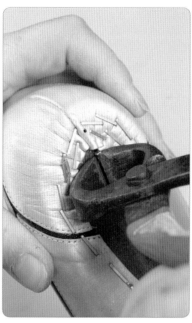
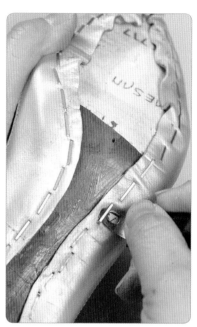

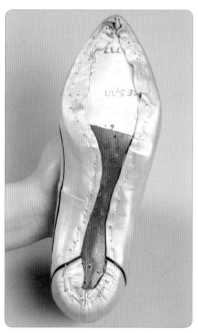
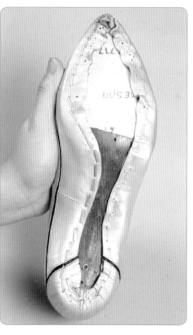

골씌움 작업이 끝나고 나면 건조기(찜통)에 넣고 100℃에서 30분간 건조한 후 못 빼기 작업을 진행한다. 건조되고 나온 구두의 못과 타카핀(스테이플러)을 모두 제거해 준다. 이때 라스트와 중창 닮기 작업을 했던 못도 모두 다 제거해 준다. 앞부분과 아치 부분에 있는 못과 타카핀은 모두 제거해야 하지만 굽자리 부분에 있는 못은 남겨두어도 상관은 없다. 못을 제거할 때 방울집게나 송곳을 사용하여 작업하는데 집게 방향은 바깥쪽에서 안쪽으로 하여 작업한다. 못을 제거하지 않으면 탈골 후 못이 나와 착화 시 큰 사고가 발생할 수 있다.

⑫ 연마 공정

❶ 연마 공정은 창과 골씌움 한 라스트를 붙이기 위한 공정이다. 칼로 주름 잡힌 부분과 두꺼운 부분을 제거한 뒤 라스트 바닥에 창과 굽을 대고 은펜을 이용하여 라인을 그려준다.

❷ 연마 기계를 사용하여 전체적으로 고르게 만들어 준다. 이때, 그려준 창 라인을 넘지 않도록 주의해야 한다.

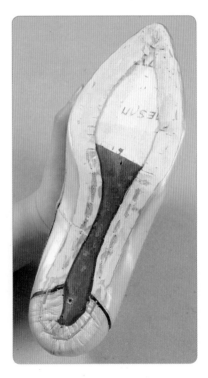

❸ 연마 공정이 완성된 모습

⑬ 바닥면 본드칠하기 공정

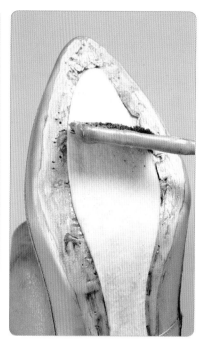
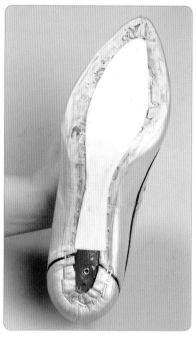

연마한 바닥 표면에 창을 붙이기 위해서 936 본드를 칠하는 작업이다. 이때 너무 많이 본드칠을 하여 옆면에 나오지 않도록 조심해야 한다. 연마하고 초벌 본드칠 후 가운데 비어 있는 부분을 속메움 천으로 채우고 다시 한 번 전체적으로 본드칠한다. 속메움은 가죽이나 천, 스펀지 등 어떤 것을 사용해도 무방하다. 속메움을 하는 이유는 바닥면에 골씌움을 하고 나면 비어 있는 공간이 생기게 되는데, 이 비어 있는 공간을 메워주지 않으면 창이 잘 부착되지 않으며 평평하지 않아 착화 시 불편한 느낌을 주기 때문이다.

14 가보시 붙이는 공정

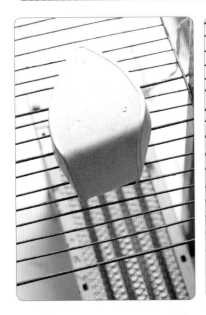  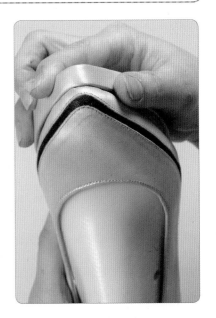

❶ 본드가 완전히 마른 가보시를 난로에 구워준다. 너무 오랜 시간 열을 가하면 기포가 발생하면서 본드가 뜨게 되므로 주의해야 한다. 난로가 없으면 구두용 드라이어로 가열하여 붙이면 된다.

❷ 가보시를 라스트의 앞부분과 잘 맞춰 붙인다.

❸ 붙인 가보시와 중창이 잘 밀착될 수 있도록 망치를 이용하여 밀어준다.

❹ 가보시 바닥 부분에 본드칠해 준다.

❺ 가보시가 부착된 모습

⑮ 창 붙이는 공정

 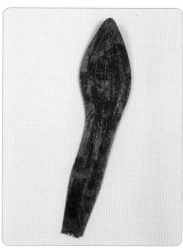

❶ 창을 붙이기 위해서 936 본드를 사용하여 안에서 밖으로 본드칠한다. 안에서 밖으로 발라주는 이유는 창 옆면에 본드가 묻지 않도록 하기 위해서이다.

❷ 창에 본드칠한 모습

❸ 본드가 완전히 마른 창을 난로에 구워준다. 달궈진 창은 쉽게 늘어나기 때문에 창 붙이기가 용이하다. 너무 오랜 시간 열을 가하면 기포가 발생하면서 본드가 뜨게 되므로 주의해야 한다. 난로가 없으면 구두용 드라이어로 가열하여 붙이면 된다.

❹ 가열한 바닥창을 연마한 골씌움 라스트와 붙이는 작업이다. 먼저 바닥창을 라스트 밑에 놓은 후 손으로 누르면서 뒷부분을 맞추어 간다.

❺ 창과 바닥면을 망치로 밀어주면서 접착시킨다.

⑯ 굽 붙이는 공정

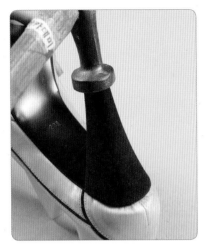  

　뒷중심에 맞춰 굽을 붙인 다음 굽과 뗀가와가 중심에 맞도록 뗀가와 피스를 손으로 깊게 누른 후 망치로 박아준다. 이후 라스트와 높이가 맞는 받침대를 사용하여 압축기에서 2초 정도 압축시켜 준다.

⑰ 라스트 분리(탈골) 공정

 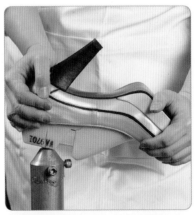 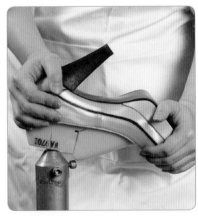

 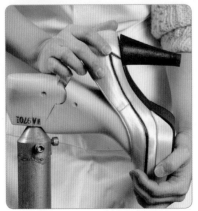

　이 작업은 골빼기 작업이라고 하는데, 이 작업 시 뒷부분과 앞부분에 힘을 가하여 분리하면 구두 형태에 손상을 줄 수 있기 때문에 주의해서 작업해야 한다. 최대한 천천히 밀착했던 공기가 빠져나올 수 있도록 조심해서 분리한다.

⑱ 굽 못 박는 공정

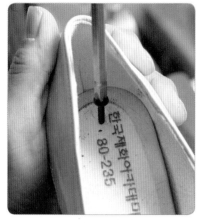

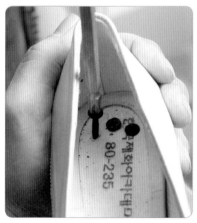

굽을 완전히 고정시키기 위해 못을 박는 작업(보루방)을 한다. 못이 너무 깊이 박혀 아대가 훼손되거나 못이 덜 박혀 발이 아프지 않도록 주의하며 굽 못을 박을 때는 일자에서 조금 기울여 박아주어야 고정이 잘된다. 못이 굽 밖으로 나가지 않도록 조심한다.

⑲ 화인(불박) 공정

브랜드 네임을 붙이기 위해서 가열한 기계에 준비한 까래를 올리고 1~2초 정도 찍어주면 된다. 화인의 컬러는 금박지, 은박지, 블랙지 테이프 등 다양하게 나올 수 있다.

㉒ 까래(브랜드) 붙이기 공정

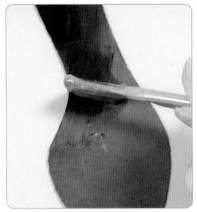  

까래 뒷면에 스타본드를 안에서 밖으로 칠해준다. 그 위에 쿠션(스펀지)을 놓고 다시 본드칠해 준다. 이때 쿠션은 좌우 및 밑에서 10~15mm 떨어진 위치에 붙인다. 다시 한 번 본드칠한 후 마르면 본드가 내피에 묻지 않도록 주의하며 중창에 부착한다.

㉑ 최종 제품 완성

Chapter

3

토 오픈 구두

toe open shoes

디자인 공정

- 아이디어 스케치
- 디테일 스케치
- 장식 및 소재 선정
- 스케치
- 최종 디자인
- 작업 지시서

재단 공정

- 외피 그리기 공정
- 내피 그리기 공정
- 외피 및 내피 오리기 공정

갑피 공정

- 외피 및 내피 스카이빙(피할) 공정
- 내피 연결 공정
- 내피와 갑보(지활재) 본드칠 공정
- 내피 박음질 공정
- 외피 본드칠 공정
- 외피 패턴 대고 그리기 공정
- 외피 연결 공정
- 외피 보강테이프 붙이기 공정
- 외피 테이프 넣기 공정
- 외피 칼금 넣기 공정
- 외피 접음질 공정
- 외피 박음질 공정
- 외피 뒤 보강테이프 붙이기 공정
- 앞부분 보강천 붙이기 공정
- 외피와 내피 붙이는 공정
- 내피 홈칼질 공정
- 장식 붙이기 공정
- 마무리 공정
- 최종 갑피 완성

저부 공정

- 중창 자리본(패턴) 만드는 공정
- 중창 홈파기 공정
- 중창싸개 본드칠 공정
- 중창 싸기 공정
- 라스트에 중창 덮기 공정
- 월형 삽입 공정
- 선심 삽입 공정
- 골씌움(골싸기) 공정
- 굽 싸기 공정
- 건조 공정
- 건조 후 못 빼는 공정
- 연마 공정
- 바닥면 본드칠하기 공정
- 창 붙이기 공정
- 창 따내기 공정
- 장식 붙이기 공정
- 라스트 분리(탈골) 공정
- 굽 못 박는 공정
- 화인(불박) 및 까래(브랜드) 붙이기 공정
- 케어 공정
- 최종 제품 완성

toe open
shoes
making
process

1 디자인 공정

② 디테일 스케치

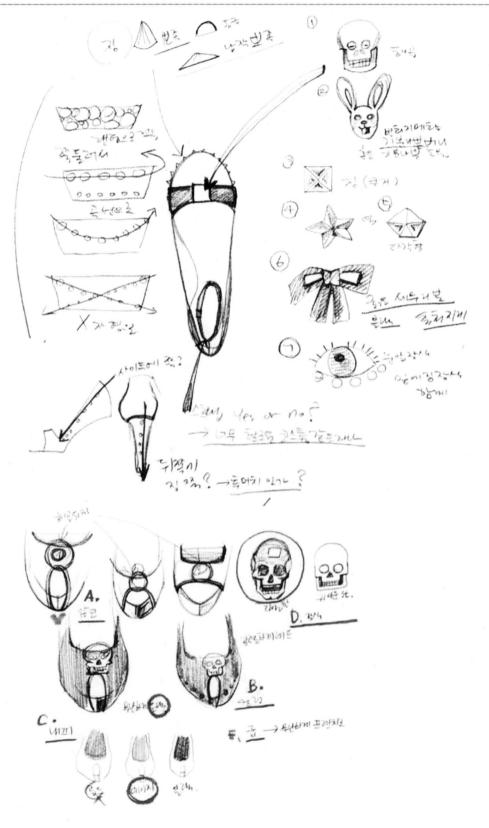

3 장식 및 소재 선정

    ❶ 플랫폼(가보시)에 잘 어울리는 장식을 추가한다.

    ❷ 징 디자인에 맞는 크기(2~5 mm)와 모양(별, 사각, 삼각, 라운드)을 잘 선택해야 한다.

    ❸ 해골 장식의 빈티지 느낌을 최대한 살릴 수 있는 소재를 선정한다.

4 스케치

5 최종 디자인

⑥ 작업 지시서

곡선으로
붙여준다.

9cm

1cm

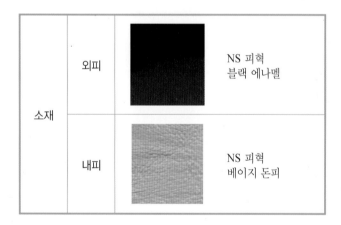

소재	외피		NS 피혁 블랙 에나멜
	내피		NS 피혁 베이지 돈피

제품명	블랙 토 오픈(black toe open)
디자이너	Mr. Cha
작성인	Mr. Cha
작성일	2013-4-18
브랜드	NS SHOES
시즌	2013 s/s
타깃	20대 초반~20대 후반
라스트	NS 1308
힐	NS 73509
창	블랙 판창
중창	NS 35-240
갑보	베이지 양가죽
월형	○
선심	○
까래	로고 볼박
데코레이션	해골 장식(빈티지 실버)
뗀가와	NS 73509 블랙
가보시	1cm
부자재	0.5cm 둥근 징(10개)

2 재단 공정

1 외피(원단) 그리기 공정

　외피 가죽에 재단 패턴을 올려놓고 은색 펜으로 패턴의 외곽선을 그려준다. 이 경우 한쪽(좌)만 그려주는 것이기 때문에 다른 한쪽(우)은 패턴을 뒤집어서 같은 방법으로 외곽선을 그려주면 된다. 이때 재단 패턴은 실제 패턴보다 6mm 정도 띄어 만들어 주는데, 이는 제갑(갑피) 작업 시 접기 위한 간격이다. 접는 작업 과정이 없는 경우는 실제 패턴으로 재단하면 된다. 가죽에 상처(스크래치)가 있거나 얼룩 등이 있는 부분은 피해서 패턴을 놓고 최대한 가죽을 많이 활용할 수 있도록 한다.

2 내피(원단) 그리기 공정

준비된 내피 패턴을 내피용 소재에 놓고 그려준다. 한쪽 재단 시에는 겹치지 않게 재단하지만 두 쪽 이상 재단 시에는 겹쳐서 재단하는 것이 더 효율적이다. 다만, 외피 가죽은 가죽 특성상 장마다 표면과 사이즈가 다르기 때문에 겹쳐서 재단할 수 없다.

내피 가죽의 경우 하단은 1:1 패턴으로 그려주고 톱 라인(아구) 부분은 10mm 살려 그려준다. 그 이유는 외피 가죽과 내피 가죽 결합 후 홈 칼질을 하기 위한 간격이 필요하기 때문이다.

③ 외피 및 내피 오리기 공정

❶ 외피 가죽과 내피 가죽 외곽선을 따라 재단 칼이나 가위로 각각 재단한다. 대량으로 재단할 때는 철형을 만들어 프레스 재단을 주로 하고 소량일 때는 개인이 칼로 하나하나 재단하는 것이 일반적이다. 칼로 재단 시에는 정교하지만 시간이 많이 소요되고, 숙련되지 않으면 사고로 이어지기 때문에 주의해야 한다. 가위로 재단 시에는 숙련되지 않아도 재단할 수 있으며 칼로 재단하는 것보다 정교하지는 않지만 위험성은 낮다.

❷ 외피, 내피 가죽 재단이 완성된 모습이다. 이때 좌우 및 내외측이 혼동되지 않도록 골씌움 부분에 표시해 준다. 일반적으로 삼각형 홈으로 구별해 주고 있다.

3 갑피 공정

토 오픈 갑피 제작을 위한 준비물은 다음과 같다.

원자재인 외피 가죽 , 내피 가죽, 중창싸개 가죽, 까래 가죽, 패턴, 실, 장식(중복되는 준비물은 제외)

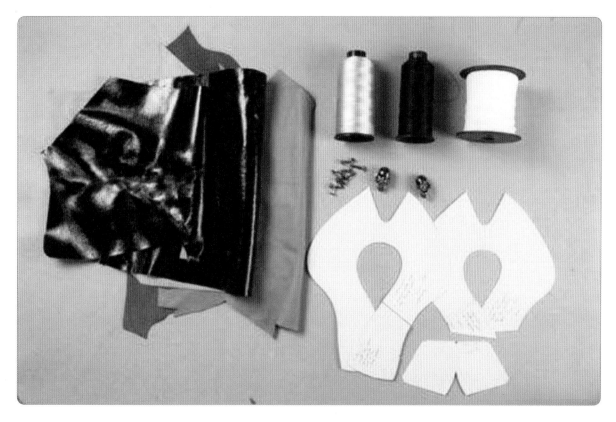

Tip▶ 싸개 가죽은 대스끼(피할) 과정을 한 후 사용해야 한다. 그 이유는 최대한 얇은 가죽으로 만들어서 싸야 접착이 잘 되고 보기에도 좋기 때문이다. 싸개 가죽에는 중창싸개용, 굽싸개용 등이 있다.

1 외피 및 내피 스카이빙(피할) 공정

❶ 철자로 스카이빙 폭을 정확하게 파악한 후 재단된 외피 가죽을 스카이빙한다. 스카이빙 공정을 통해 외피 가죽의 가장자리를 접거나, 포개어 접음질하는 면과 면이 잘 맞아지게 하면 가죽 두께를 줄여 주어 재봉틀도 편하게 사용할 수 있으며, 디자인상 자연스럽고 착화 시 압박을 줄여줄 수 있다. 조립(저부) 공정에서 사용하는 중창싸개용, 굽싸개용 외피 가죽은 큰 스카이빙(대스끼)을 한 후 작업한다.

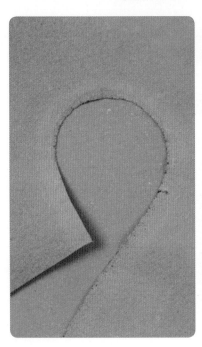

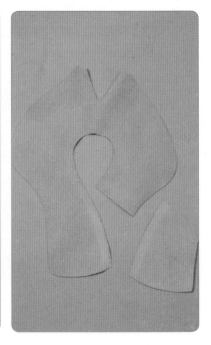

❷ 스카이빙이 완성된 모습

② 내피 연결 공정

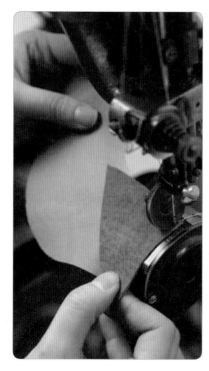  

내피는 패턴의 좌우로 연결해서 그리면 패턴이 겹쳐져 그려지게 되므로 하나로 연결하여 만들지 않고 안쪽 부분을 두 개로 분리하여 완성한다. 먼저 분리되어 있는 내피를 재봉틀로 다시 박음질하여 연결한다.

③ 내피와 갑보(지활재) 본드칠 공정

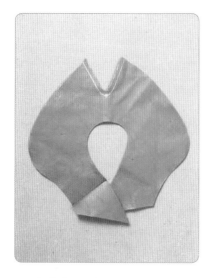  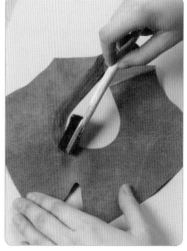

❶ 분리된 내피를 연결한 모습

❷ 내피를 외피에 부착하기 위해서 스타본드로 안쪽 2 cm 정도에 본드칠한다.

  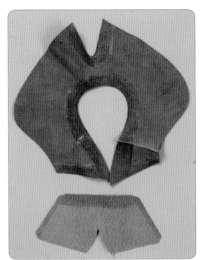

❸ 내피와 붙이기 위해 갑보(지활재)의 양쪽 끝 5mm 정도에 본드칠한다.

④ 내피 박음질 공정

❶ 본드칠한 내피의 뒷날개와 지활재를 붙인다. 지활재는 주로 돈피나 합성 원단(샤무드)을 사용한다.

❷ 재봉틀로 연결된 내피와 지활재를 미리 본드로 붙여 놓은 부분을 고르게 박음질한다. 지활재의 아래쪽도 박음질한다.

❸ 내피 연결이 완성된 모습

5 외피 본드칠 공정

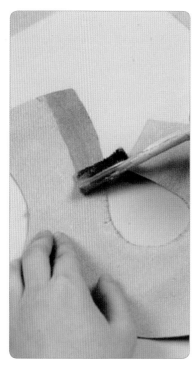
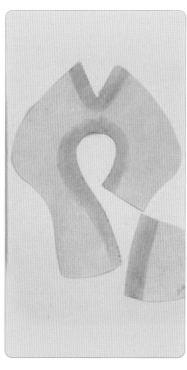

❶ 피할한 외피 가죽 뒷면에 속 테이프를 넣기 위해 2 cm 정도 간격에 본드칠해 준다. 갑피 공정 시 주로 사용되는 접착용 본드는 스타본드(No. B5)이다.
❷ 외피에 본드칠이 완성된 모습

6 외피 패턴 대고 그리기 공정

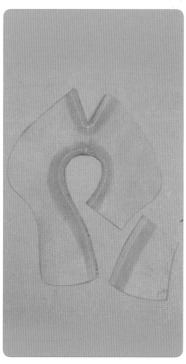

본드가 어느 정도 마른 상태에서 외피 패턴을 대고 은펜으로 외곽선을 그린다. 그리기 공정에서 중요한 것은 흔들리지 않도록 평평한 곳에서 작업을 해야 하는 점이다. 일반적으로 패턴과 가죽을 스테이플러로 고정한 후 그려준다.

7 외피 연결 공정

    토 오픈의 패턴을 좌우로 연결해서 그리면 패턴이 겹쳐져 그려지게 되므로 하나로 연결하여 만들지 않고 안쪽 부분을 두 개로 분리하여 완성한다. 먼저 분리되어 있는 외피를 연결한다.

8 외피 보강테이프 붙이기 공정

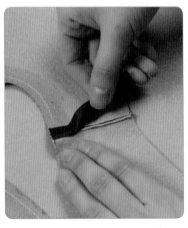
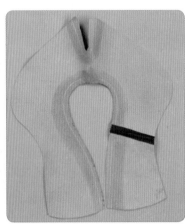

❶ 외피의 박음질한 부분을 고르게 망치로 두들겨 평평하게 만든 다음 1cm의 보강테이프를 위에서 아래로 매끄럽게 붙여준다.
❷ 보강테이프를 부착한 모습

9 외피 테이프 넣기 공정

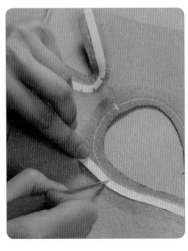
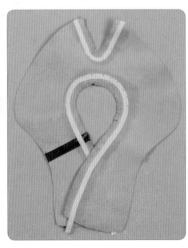

❶ 그리기 공정이 끝난 후 그린 선에서 1mm 정도 띄어서 3mm 도리테이프를 일정하게 붙인다. 도리테이프는 박음질할 때 힘이 들어가 견고하게 만들어 주고 디자인 선을 잡아주는 역할을 한다.
❷ 도리테이프 작업이 완성된 모습

⑩ 외피 칼금 넣기 공정

 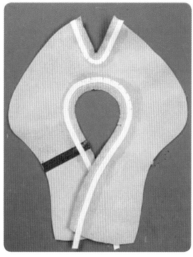 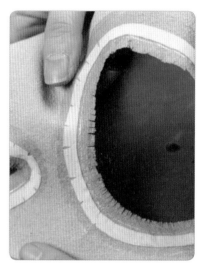

접음질을 위해 갑피용 칼로 3 mm 정도 띄어진 간격에 칼금을 주며, 칼금 간격은 2 mm 정도로 한다. 칼금 작업이 없이 접음질하면 접음질이 고르게 되지 않고 패턴이 곡선 부분일 경우 접음질이 잘 되지 않기 때문에 필수로 해야 한다. 이때 칼의 뒷부위가 축이 되어 앞에서 뒤로 칼금 작업을 한다.

⑪ 외피 접음질 공정

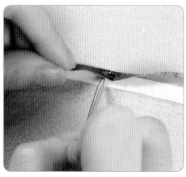 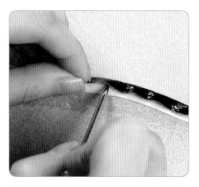

칼금 공정이 끝난 후 송곳이나 손으로 접는 여분을 접으면서 망치로 가볍게 눌러준다. 접음질 할 때에는 가죽의 테이프 부착 라인에 왼손 검지를 밀착하여 넘겨가며 부착한다. 이때 접는 여분이 깨끗하게 부착되고 주름이 생기지 않도록 주의해야 한다.

 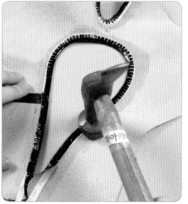

⑫ 외피 박음질 공정

접음질한 외피의 뒤축 부분을 박음질하여 연결한다. 이때 원단이 흔들리지 않도록 손으로 위아래를 잡고 박음질한다.

⑬ 외피 뒤 보강테이프 붙이기 공정

❶ 외피의 박음질한 부분을 고르게 망치로 두들겨 준다. 보강테이프를 붙이기 전 박음선 부분을 평평하게 펴주기 위함이다.

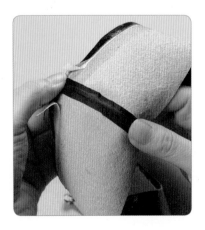  

❷ 1cm의 보강테이프를 위에서 아래로 매끄럽게 붙여준다.

❸ 위쪽 접음질을 하지 않은 부분에 보강테이프 마감 처리를 한 후 본드칠을 하고 마를 때까지 기다린다.

❹ 보강테이프 처리된 외피 뒷부분을 접음질하여 연결한다.

⑭ 앞부분 보강천 붙이기 공정

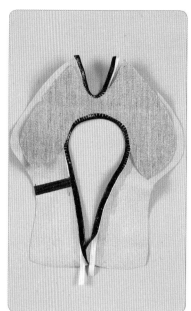

❶ 외피 앞부분을 보강할 보강천을 잘라준다.

❷ 외피의 앞부분에 보강천을 올려 자리를 맞춘다.

⑮ 외피와 내피 붙이는 공정

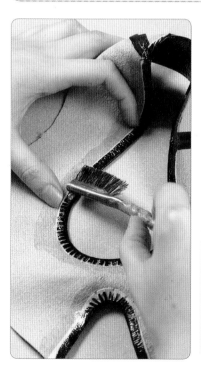

❶ 먼저 외피의 톱 라인(아구) 부분, 앞코 부분에 2cm 정도 간격으로 본드칠을 한 뒤 그 위에 보강천을 올린다.

Tip 보강천을 붙이는 이유는 보행 시 힘이 들어가는 앞부분의 가죽이 터지거나 찢기는 것을 방지하기 위함이다.

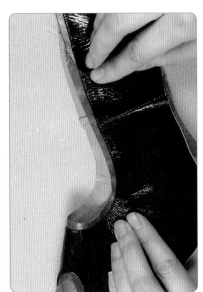

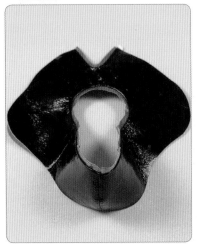
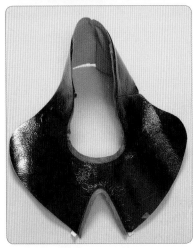

❷ 각각 작업한 외피와 내피를 붙이는데 내피 가죽을 외피 가죽 위에 10mm 정도 올라오게 하여 부착한다. 이때 외피가 울지 않도록 부착해야 한다. 외피와 내피를 잘 부착하기 위해서는 여러 번 밀어주고 당겨주면서 자리를 잡아주는 것이 중요하다.

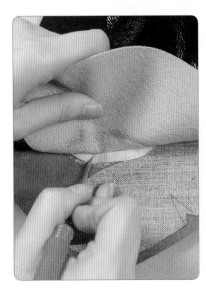

❸ 접우라 재봉을 하기 위해서 내피면과 외피면을 살짝 벌려주어 안에서 재봉틀로 박음질하면 겉면에 재봉선이 보이지 않는다. 이때 너무 힘을 주어서 벌리면 작업을 다시 해야하기 때문에 재봉틀을 사용할 수 있도록만 벌려주면 좋다.

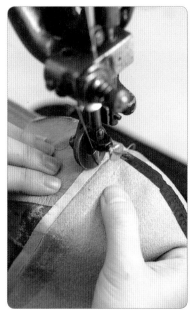
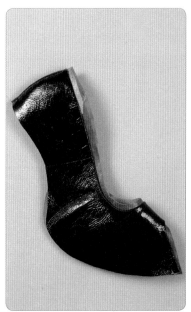

16 내피 홈칼질 공정

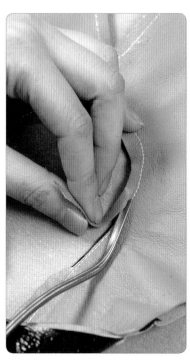
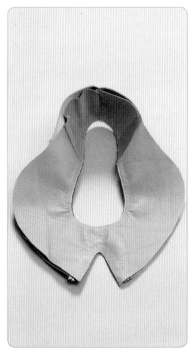
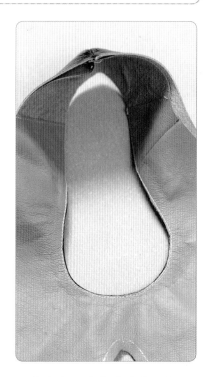

❶ 최종 재봉틀 작업을 한 후 내피의 남은 부분을 잘라낸다. 이런 홈
 칼질 작업을 현장에서는 이찌기리라고 한다. 주로 가위나 홈칼질
 용 칼을 사용하여 작업한다. 홈칼질 공정 작업을 할 때 가위를 비
 스듬히 눕히고 남은 가죽을 살짝 당기면 쉽게 작업할 수 있다.

❷ 홈칼질 공정이 완성된 모습

⑰ 장식 붙이기 공정

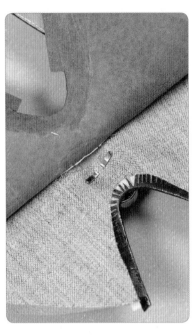

❶ 장식을 부착할 위치를 정한 뒤 칼로 칼집을 내어 장식이 들어 갈 수 있도록 한다.

❷ 장식을 끼워 넣고 클립을 옆으로 눌러 정리한다.

❸ 장식이 부착된 모습

⑱ 마무리 공정

❶ 외피의 토(toe) 라인에 본드를 바른다.
❷ 외피와 내피를 결합시킨 후 손으로 잘 눌러준다.

❸ 외피와 내피가 잘 붙을 때까지 기다린 후 칼을 이용하여 내피의 여유분을 잘라낸다.

❹ 토 오픈 제갑(갑피) 작업이 완성된 모습

4 저부 공정

토 오픈 제작을 위한 저부(조립) 준비물은 다음과 같다.

완성된 제갑(갑피), 라스트, 중창(가보시), 창, 월형, 선심, 까래 스펀지, 까래, 굽, 가보시 가죽, 중창싸개 가죽(중복되는 준비물 제외)

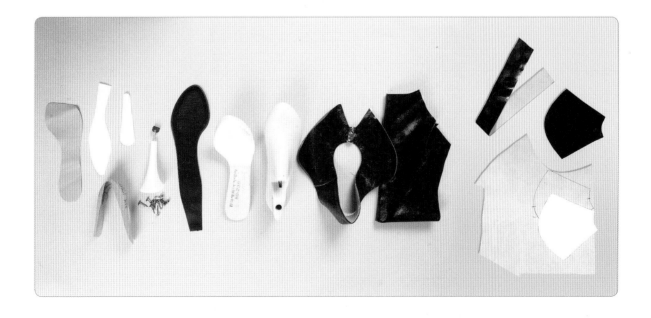

① 중창 자리본(패턴) 만드는 공정

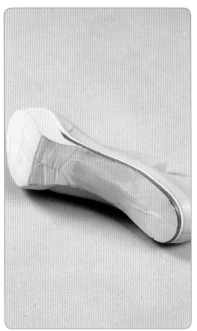
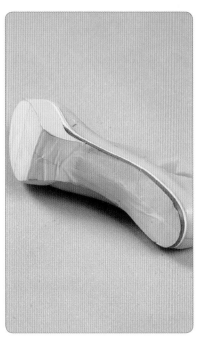

❶ 중창 패턴을 만들기 위해 중창과 라스트를 결합한다.

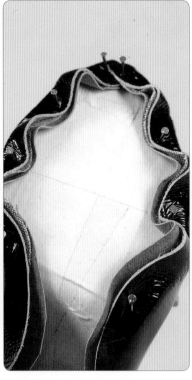

❷ 완성된 갑피를 라스트에 골씌움한다. 이 작업은 중창 자리본(패턴)을 만들기 위한 선행 작업이다.

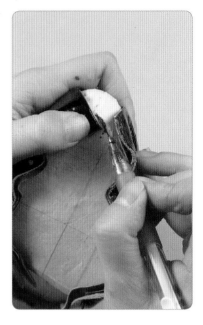

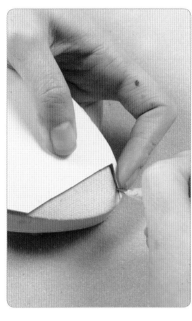

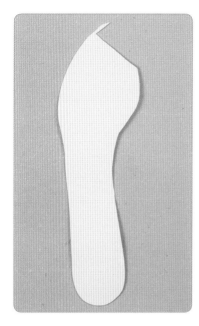

❸ 선정한 디자인에 맞게 골씌움
한 갑피를 오픈하여 중창 패턴
라인을 그린다.

❹ 정확하게 중창에 그리는 모습

❺ 중창 패턴이 완성된 모습

❷ 중창 홈파기 공정

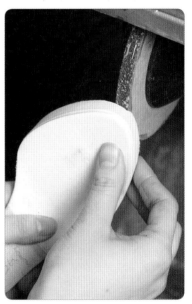

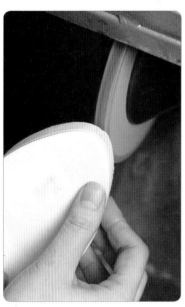

❶ 중창에 제갑(갑피)을 매끄럽게
붙이기 위해 중창 패턴을 대고
홈 파낼 위치를 확보한다.

❷ 중창 패턴대로 톱 기계를 이용하여 토 오픈 앞 부분에 들어가는
가죽 두께만큼 홈을 만들어 준다.

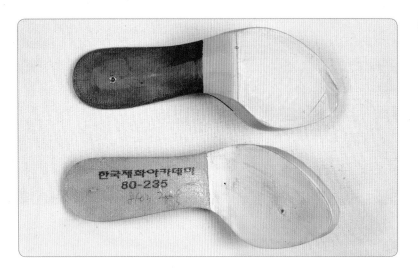

❸ 토 오픈 중창 홈이 완성된 모습

3 중창싸개 본드칠 공정

❶ 중창을 싸기 위한 가죽에 연화제(소주)를 뿌려 가죽을 부드럽게 만들어 준다.
❷ 가죽에 연화제를 뿌려 부드럽게 만든 모습

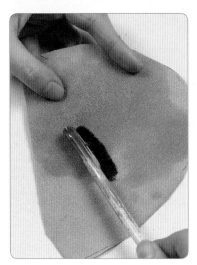 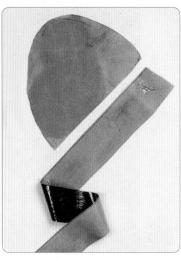

❸ 중창싸개 가죽에 본드칠한다. 토 오픈 구두의 경우 앞코 부분이 노출되기 때문에 중창의 앞부분에도 중창 싸기를 해야 한다.
❹ 중창싸개 가죽에 본드칠이 완성된 모습

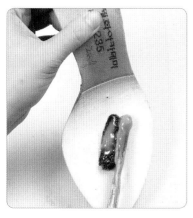

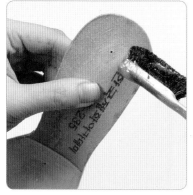

❺ 라스트에 중창 덮기 작업을 하기 전에 중창과 가보시에 전체적으로 본드칠해 준다.

❹ 중창 싸기 공정

❶ 앞싸개를 중창에 맞춰 붙인다.

❷ 앞코(toe) 부분에서 가죽에 주름이 가지 않도록 잘 당겨가며 둘러싼다.

❸ 중창에 앞싸개 가죽이 완성된 모습

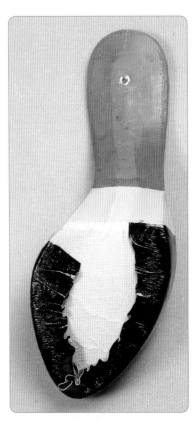

④ 바닥 부분에 남은 가죽을 정리
한다.
⑤ 커터칼을 이용하여 남은 가죽을
깔끔하게 정리한다.

⑥ 중창 싸기 할 때 여유분을 준 가
죽을 깨끗이 정리한 모습
⑦ 앞싸개 끝부분에 맞춰 옆싸개를
시작한다.

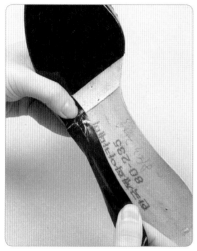

⑧ 옆싸개 가죽으로 중창을 둘러
 싼다. 주름이 생기지 않도록
 가죽을 잘 늘려가며 작업한다.

⑨ 옆싸개와 앞싸개가 만나는 지
 점을 일대일로 맞추어 칼로 자
 른다.

⑩ 중창 싸기가 완성된 모습

Tip 주름을 제거하고 외피 가죽을
 쌀 때 겹치기를 방지하기 위해
 8~10mm 정도 남긴다.

⑤ 라스트에 중창 덮기 공정

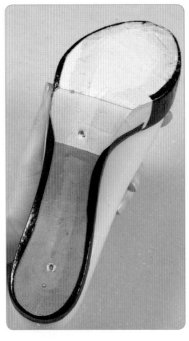
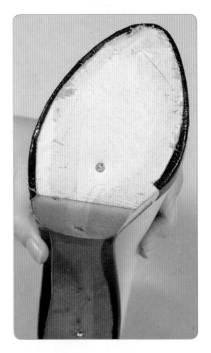

❶ 라스트에 중창을 붙인 후 뒤꿈치 부분에 고정한 뒤 중간 부분(주로 아대의 시작 부분)과 앞부분을 고정한다.

❷ 라스트에 중창 덮기가 완성된 모습

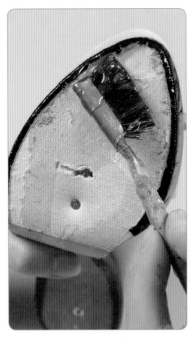
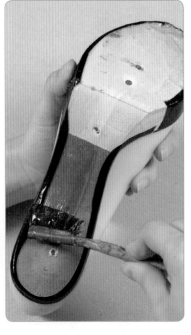

❸ 라스트에 중창 덮기가 완성되면 전체적으로 다시 한 번 본드칠해 준다. 주로 936 본드를 사용한다.

❹ 골씌움 작업을 하기 위한 사전 작업이 완성된 모습

6 월형 삽입 공정

❶ 월형의 길이를 잰 후 갑피에 같은 길이만큼 은펜으로 표시한다.

❷ 월형을 삽입하기 위해서 외피 와 내피 사이를 벌린다.

❸ 완성된 제갑(갑피)의 골씌움 작 업을 쉽게 하기 위해서 연화제(소 주)를 뿌려 가죽을 부드럽게 만들 어 준다.

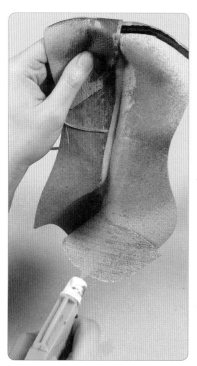
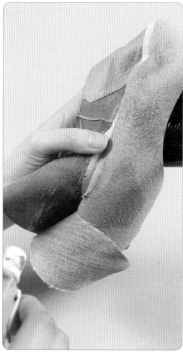

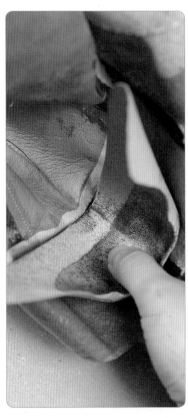

❹ 월형을 삽입하기 위해서 윗부분을 중심으로 본드칠해 준다. 이때 사용하는 본드는 936 본드이다.

❺ 본드칠 한 부분에 월형을 삽입한다. 이때 자신이 원하는 만큼의 크기로 월형을 만들어 준다.

❻ 안착된 월형에 다시 본드칠 해 준다.

❼ 내피와 본드칠한 월형이 울지 않도록 잘 펴준다. 이때 월형의 형태를 유지하도록 김밥을 말아주는 것처럼 감싸주면 잘 삽입된다.

7 선심 삽입 공정

❶ 앞부분 외피와 내피 사이에 936 본드를 칠해준다. 선심 삽입을 하기 위한 첫 번째 단계이다.

❷ 선심을 토라인에서 1.5cm 정도 떨어진 부분에 안착한 후 다시 본드를 발라준다.

❸ 월형과 선심 삽입 공정이 끝난 후 내피 안쪽 아랫부분에 본드칠 해 준다.

❹ 앞부분 내피와 외피 사이에 선심을 삽입하여 완성한 모습

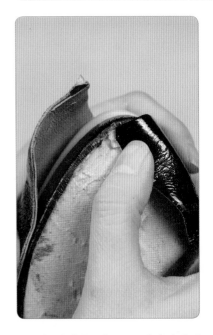 

❶ 첫 시작은 라스트 앞부분부터 골씌움(골싸기)을 한다. 고소리로 갑피 부분을 당겨주고 못을 박는다.

❷ 첫 번째 골씌움 못을 박아주고 중심을 맞추어 사진처럼 좌우로 못을 박으면서 골씌움을 한다. 이것이 2, 3번 중심 못 박기 작업이다.

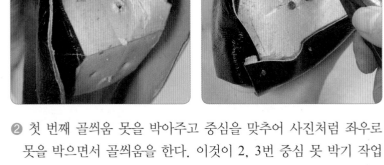
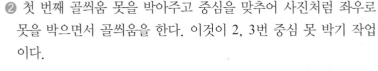

❸ 뒤꿈치(뒤축 포인트 지점, 도쿠리) 부분에 못(금못)을 박는다. 이때 못을 재봉틀 선 밖으로 박게 되면 가죽이 손상되기 때문에 재봉틀 선 사이에 박아주어야 한다. 금못은 뒤꿈치 부분(4번 중심 못)에만 사용한다.

❹ 아래 골밥 부분(5번 중심 못)과 아치 부분에 좌우로 못을 박아준다. 이때 못은 좌우 발볼 위치로 박아주면 되는데 대각선으로 당겨주면서 박아주어야 전체적으로 선이 아름답게 나온다. 여기까지가 6, 7번 중심 못 박기 완성이다.

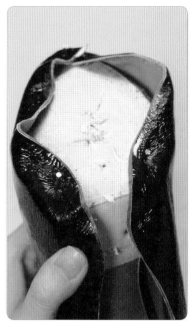
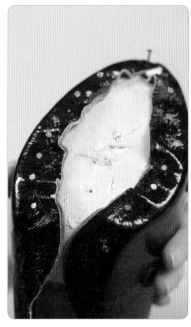

❺ 앞코 부분은 곡선 때문에 주름이 생겨 촘촘히 박아주어야 주름이 없어지므로 기본적인 중심잡기 골씌움이 끝나고 나면 다시 촘촘하게 못을 박아준다. 이때 한 땀 한 땀 당기면서 박아주고 다시 망치질 해주어야 전체적으로 완성도가 높아진다.

❻ 앞부분 골씌움이 완성된 후 중간 부분은 에어타카로 촘촘히 밀어주면서 박아주면 된다. 특히 라스트 안쪽은 자연스럽게 형태를 유지하면서 박아준다. 바깥쪽은 타카총을 밀어주면서 박아주어야 한다.

❼ 중간 부분이 끝난 후 뒷굽 부분도 촘촘하게 박아주면 골씌움 작업이 완성된다.

❽ 골씌움 작업이 완성된 모습

⑨ 굽 싸기 공정

❶ 굽 모양에 맞게 재단한 가죽과
   굽을 준비한다.
❷ 굽싸기를 할 가죽에 본드칠한다.

❸ 굽 뒷부분과 굽가슴, 윗부분 등에 전체적으로 본드칠한다.

❹ 본드칠한 굽과 창을 자연 건조
   한 후 붙인다.

❺ 주름이 지지 않도록 굽을 부드럽게 감싼 뒤 남은 부분에 가위밥을 넣어준다.

❻ 남은 가죽을 부드럽게 감싼다.

❼ 남은 윗부분은 접어준다.
❽ 굽을 싸고 남은 부분은 칼과 가위를 이용해 깔끔하게 잘라준다.

❾ 굽싸개 가죽을 일부 정리한 모습

❿ 굽싸개 가죽을 부착한 후 깔끔하게 정리한 모습

⑩ 건조 공정

골씌움 작업이 끝나고 나면 건조기(찜통)에 넣고 100℃에서 30분간 건조한다. 건조기에 구두가 들어간 후 작업자는 남는 시간에 굽싸기 공정과 창 본드칠하기 공정을 작업하면 된다.

⑪ 건조 후 못 빼는 공정

건조되고 나온 구두의 못과 타카핀(스테이플러)을 모두 제거해 준다. 이때 라스트와 중창 덮기 작업을 했던 못도 모두 다 제거해 준다.

앞부분과 아치 부분에 있는 못과 타카핀은 모두 제거해야 하지만 굽 자리 부분에 있는 못은 남겨두어도 상관은 없다. 못을 제거할 때 방울 집게나 송곳을 사용하여 작업하는데 집게 방향은 바깥에서 안쪽으로 하여 작업한다.

못을 제거하지 않으면 탈골 후 못이 나와 착화 시 큰 사고가 발생할 수 있다.

⑫ 연마 공정

❶ 연마 공정은 창과 골씌움 한 라스트를 붙이기 위한 공정이다. 이 때 중창 부분이 잘려나가지 않도록 조심해야 한다. 칼로 주름 잡힌 부분과 두꺼운 부분을 제거해 준다.

❷ 칼로 주름과 두꺼운 부분을 제거한 모습

❸ 라스트 바닥에 창과 굽을 대고 은펜을 이용하여 창 라인을 그려준다.

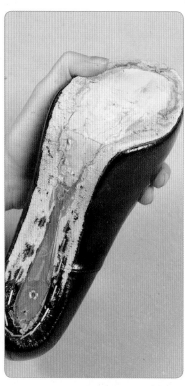

❹ 연마 기계를 사용하여 전체적으로 고르게 만들어 준다. 이때 그려준 창 라인을 넘지 않도록 주의해야 한다.

❺ 연마 공정이 완성된 모습

⑬ 바닥면 본드칠하기 공정

❶ 연마한 바닥 표면에 창을 붙이기 위해서 936 본드를 칠하는 작업이다. 이때 너무 많이 본드칠을 하여 옆면에 나오지 않도록 조심해야 한다. 연마하고 초벌 본드칠 후 가운데 비어 있는 부분을 속메움 천으로 채우고 다시 한 번 전체적으로 본드칠한다.

❷ 속메움은 가죽이나 천, 스펀지 등 어떤 것을 사용해도 무방하다. 속메움을 하는 이유는 바닥면에 골씌움을 하고 나면 비어 있는 공간이 생기게 되는데, 이 비어 있는 공간을 메워주지 않으면 창이 잘 부착되지 않으며 평평하지 않아 착용 시 불편한 느낌을 주기 때문이다.

⓮ 창 붙이기 공정

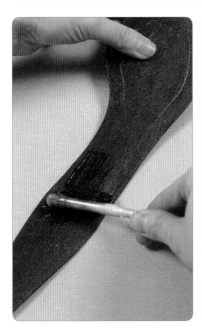 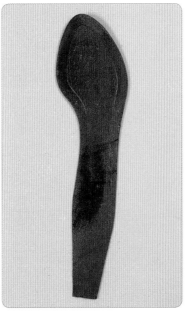 

❶ 창을 붙이기 위해서 936 본드를 사용하여 안에서 밖으로 본드칠한다. 안에서 밖으로 발라주는 이유는 창 옆면에 본드가 묻지 않도록 하기 위해서이다.

❷ 굽가슴(꼬리창과 맞닿는 부분)에 본드를 바른다.

❸ 뒷중심에 맞춰 굽을 먼저 붙인다.

❹ 본드가 완전히 마른 창을 난로에 구워준다. 달궈진 창은 쉽게 늘어나기 때문에 창 붙이기가 용이하다. 너무 오랜 시간 열을 가하면 기포가 발생하면서 본드가 뜨게 되므로 주의해야 한다. 난로가 없으면 구두용 드라이어로 가열하여 붙이면 된다.

❺ 가열한 바닥창을 연마한 골씌움 라스트에 붙인다. 앞코 부분을 맞춘 후 안에서 바깥 방향으로 밀면서 부착한다.

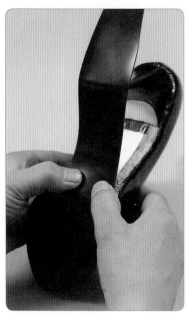

❻ 창을 굽가슴(꼬리창과 맞닿은 부분)까지 부착한다.

❼ 남는 창 부분은 가위로 자른다.

⑮ 창 따내기 공정

❶ 굽과 뗀가와가 중심에 맞도록 뗀가와 피스를 손으로 깊게 누른 후 망치로 박아준다.

❷ 바닥 부분도 망치로 눌러가며 접착한다.

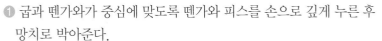

❸ 접착한 바닥창의 굽 부분에 남아 있는 창을 따낸다. 이때 굽 커브 (굽이 휘는 각도)에 유의하면서 깔끔하게 정리한다.

⑯ 장식 붙이기 공정

❶ 디바이스를 이용해 가보시에 일정한 간격으로 스터드 장식을 붙일 자리를 표시한다.

❷ 표시한 자리에 스터드 못을 위치시킨 후 망치로 박아준다.

❸ 장식을 부착한 모습

⑰ 라스트 분리(탈골) 공정

이 작업은 골빼기 작업이라고 하는데, 이 작업 시 뒷부분과 앞부분에 힘을 가하여 분리하면 구두 형태에 손상을 줄 수 있기 때문에 주의해서 작업해야 한다. 최대한 천천히 밀착했던 공기가 빠져나올 수 있도록 조심해서 분리한다.

18 굽 못 박는 공정

굽을 완전히 고정시키기 위해 못을 박는 작업(보루방)을 한다. 못이 너무 깊이 박혀 아대가 훼손되거나 못이 덜 박혀 발이 아프지 않도록 주의하며 굽 못을 박을 때는 일자에서 조금 기울여 박아주어야 고정이 잘된다. 못이 굽 밖으로 나가지 않도록 조심한다.

⑲ 화인(불박) 및 까래(브랜드) 붙이기 공정

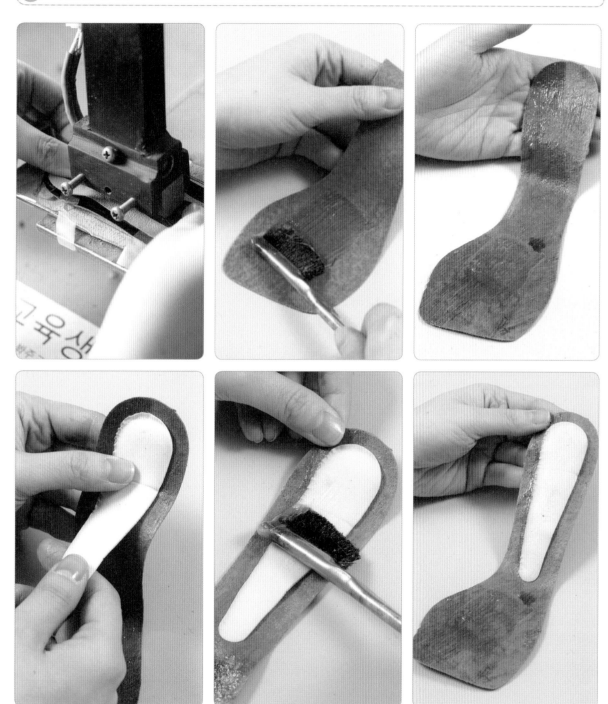

❶ 브랜드 네임을 붙이기 위해서 가열한 기계에 준비한 까래를 올리고 1~2초 정도 찍어주면 된다. 화인의
  컬러는 금박지, 은박지, 블랙지 테이프 등 다양하게 나올 수 있다.
   까래 뒷면에 스타본드를 안에서 밖으로 칠해준다. 그 위에 쿠션(스펀지)을 놓고 다시 본드칠해 준다. 이
  때 쿠션은 좌우 및 밑에서 10~15mm 떨어진 위치에 붙인다. 다시 한 번 본드칠한후 건조한다.

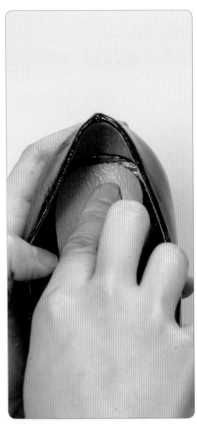

❷ 본드가 내피에 묻지 않도록 주
의하면서 까래를 중창에 부착
한다.

20 케어 공정

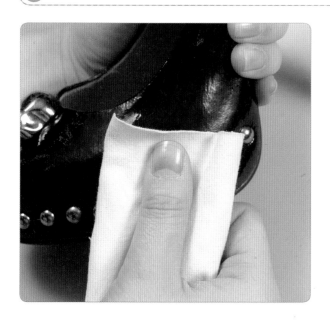

부드러운 천을 사용하여 본드가 묻었거나 오염
된 부분을 지운다.

21 최종 제품 완성

Chapter 4

샌들
sandal

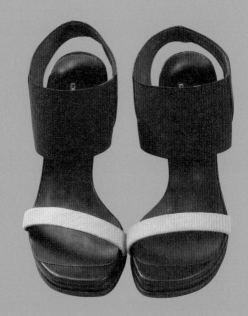

디자인 공정

- 콘셉트 드로잉
- 러프 스케치
- 송치 라인 위치 선정
- 스케치
- 최종 디자인
- 작업 지시서

재단 공정

- 외피(원단) 및 내피 그리기 공정
- 외피 및 내피 오리기 공정

갑피 공정

- 외피 및 내피 스카이빙(피할) 공정
- 앞부분 외피 본드칠 공정
- 앞부분 갑피 공정
- 뒷부분 본드칠 공정
- 본드칠 후 그리기 공정
- 테이프 넣기 공정
- 뒷부분 외피 연결 공정
- 뒷부분 외피 보강테이프 붙이는 공정
- 뒷부분 외피 칼금 넣기 공정
- 뒷부분 외피 접음질 공정
- 밴드와 뒷부분 외피 붙이는 공정
- 외피와 내피 붙이는 공정
- 최종 마무리 박음질 공정
- 내피 홈칼질 공정
- 최종 갑피 완성

저부 공정

- 중창 자리본(패턴) 만드는 공정
- 중창 홈파기 공정
- 중창 본드칠 공정
- 중창 싸기 공정
- 중창 싸기 연마 공정
- 라스트에 중창 덮기 공정
- 가보시(플랫폼) 본드칠 공정
- 가보시 싸기 공정
- 가보시(플랫폼) 본드칠 공정
- 골싸기 공정
- 가보시 붙이는 공정
- 연마 공정
- 바닥면 본드칠하기 공정
- 창 본드칠 공정
- 굽 본드칠 공정
- 창 붙이는 공정
- 라스트 분리(탈골) 공정
- 굽 못 박는 공정
- 까래(브랜드) 붙이기 공정
- 최종 제품 완성

sandal making process

1 디자인 공정

1 콘셉트 드로잉

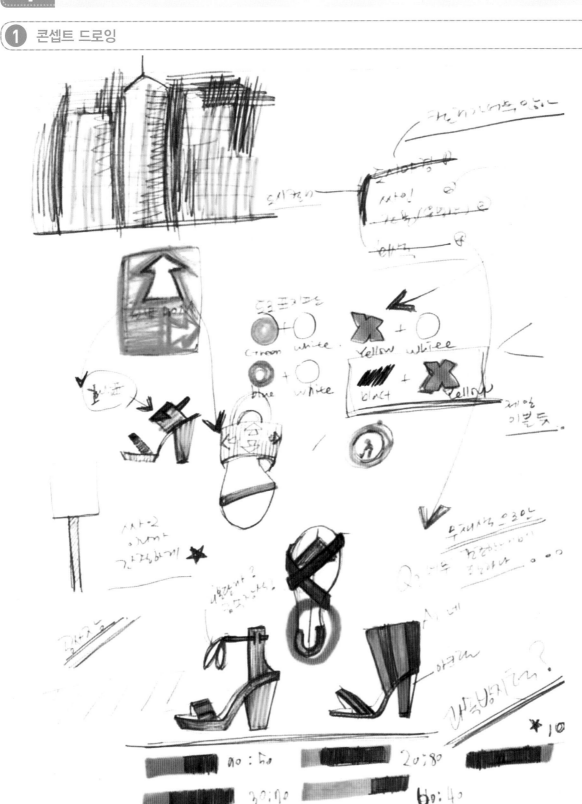

2 러프 스케치

③ 송치 라인 위치 선정

❶ 스퀘어 토(square toe)에 따른 위치(오른쪽, 왼쪽)를 고려하여 선택한다.

❷ 송치 라인 위치(비스듬히, 동일하게, 두께를 다양하게 등)에 대한 다양한 시도를 한다.

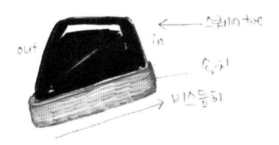

④ 스케치

⑤ 최종 디자인

6 작업 지시서

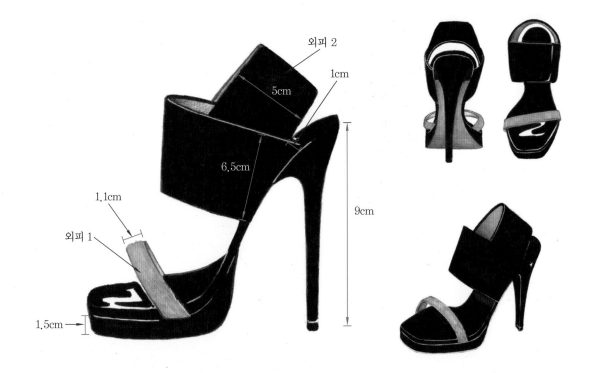

소재	외피 1		NS 피혁 옐로 송치
	외피 2		NS 피혁 블랙 킵
	내피		NS 피혁 블랙 양가죽

제품명	와이드 밴드 샌들(wide band sandal)
디자이너	Mr. Cha
작성인	Mr. Cha
작성일	2013-4-18
브랜드	NS SHOES
시즌	2013 s/s
타깃	20대 초반~20대 후반
라스트	NS 1308
힐	NS 73509
창	블랙 판창
중창	NS 35-240
갑보	×
월형	×
선심	×
까래	로고 불박
데코레이션	×
뗀가와	NS 73510 블랙
가보시	1.5cm
부자재	×

2 재단 공정

1 외피(원단) 및 내피 그리기 공정

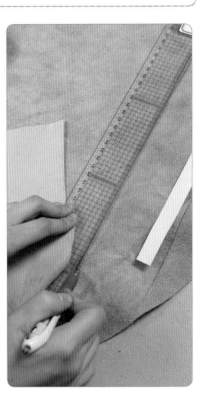

외피 가죽에 재단 패턴을 올려놓고 은펜으로 패턴의 외곽선을 그려준다. 이 경우 한쪽(좌)만 그려주는 것이기 때문에 다른 한쪽(우)은 패턴을 뒤집어서 같은 방법으로 외곽선을 그려주면 된다.

이때 재단 패턴은 실제 패턴보다 6mm 정도 띄어 만들어 주는데, 이는 제갑(갑피) 작업 시 접기 위한 간격을 주기 위해서이다. 접는 작업 과정이 없는 경우는 실제 패턴으로 재단하면 된다.

내피 가죽의 경우 하단은 일대일 패턴으로 그려주고 발등 부분은 상단만 10mm 살려 그려주는데, 그 이유는 외피 가죽과 내피 가죽 결합 후 홈 칼질을 하기 위한 간격이 필요하기 때문이다.

② 외피 및 내피 오리기 공정

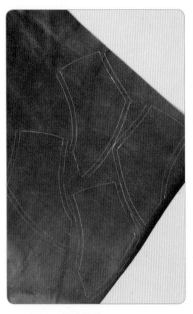 

❶ 외피 가죽 그리기 작업이 완성된 모습

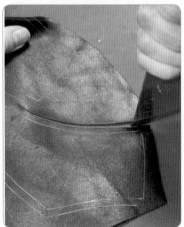 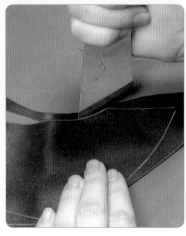

❷ 외피 가죽과 내피 가죽 외곽선을 따라 재단 칼이나 가위로 각각 재단한다. 대량으로 재단할 때는 철형을 만들어 프레스 재단을 주로 하고 소량일 때는 개인이 칼로 하나하나 재단하는 것이 일반적이다. 칼로 재단 시에는 정교하지만 시간이 많이 소요되고, 숙련되지 않으면 사고로 이어지기 때문에 주의해야 한다. 가위로 재단 시에는 숙련되지 않아도 재단할 수 있으며 칼로 재단하는 것보다 정교하지는 않지만 위험성은 낮다.

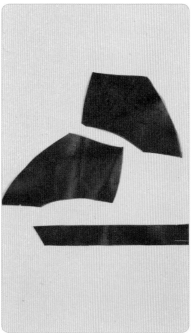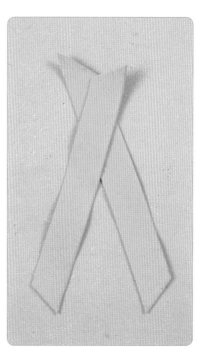

❸ 외피, 내피 가죽 재단이 완성된 모습이다. 이때 좌우 및 내외측이 혼동되지 않도록 골씌움 부분에 표시해 준다. 일반적으로 삼각형 홈으로 구별해주고 있다.

❹ 최종 외피, 내피 재단이 완성된 모습

3 갑피 공정

샌들 갑피 제작을 위한 준비물은 다음과 같다.

원자재인 외피 가죽, 내피 가죽, 중창싸개 가죽, 까래 가죽, 패턴, 실, 엘라스틱 밴드(중복되는 준비물은 제외)

Tip▶ 싸개 가죽은 대스끼(피할) 과정을 한 후 사용해야 한다. 그 이유는 최대한 얇은 가죽으로 만들어서 싸야 접착이 잘 되고 보기에도 좋기 때문이다. 싸개 가죽에는 중창싸개용, 굽싸개용 등이 있다.

❶ 외피 및 내피 스카이빙(피할) 공정

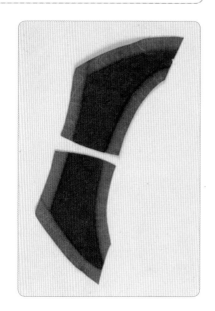

❶ 철자로 스카이빙 폭을 정확하게 파악한 후 재단된 외피 가죽을 스카이빙한다. 스카이빙 공정을 통해 외피 가죽의 가장자리를 접거나 포개어 접음질하는 면과 면이 잘 맞아지게 하면 가죽 두께를 줄여주어 재봉틀도 편하게 사용할 수 있으며 디자인상 자연스럽고 착화 시 압박을 줄여줄 수 있다.

❷ 스카이빙이 완성된 모습

❷ 앞부분 외피 본드칠 공정

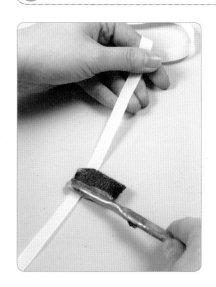

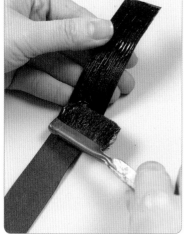

❶ 3mm 도리테이프(버팀천 테이프)에 스타본드를 바른다.

❷ 피할한 앞부분의 외피 가죽 뒷면과 내피 가죽에 스타본드를 칠해준다. 갑피 공정 시 주로 사용되는 접착용 본드는 스타본드이다.

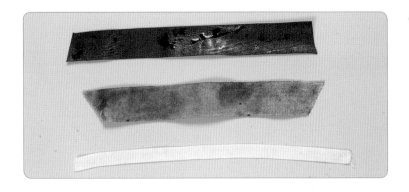

❸ 외피와 내피, 도리테이프에 본드
　칠이 완성된 모습

---

③ 앞부분 갑피 공정

❶ 본드가 어느 정도 마른 다음 외피 가죽 위에 보강테이프를 놓고 망치질하여 부착한다. 그 다음 내피 가죽
　을 동일한 방법으로 망치질하여 부착한다.

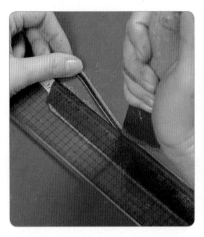 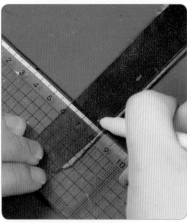 

❷ 부착된 앞부분 갑피를 작업 지시서에 표시된 길이만큼 자로 정확하게 확인한 후 남는 부분은 칼로 정리
　한다. 사용된 가죽이 송치 가죽이기 때문에 끝부분을 깨끗하게 정리하기 위해 접음질 작업보다 칼질 작
　업으로 마무리한다.

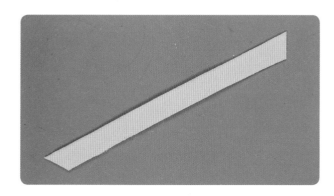

❸ 앞부분 갑피가 완성된 모습

---

4 뒷부분 본드칠 공정

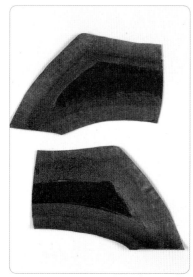

❶ 피할 작업을 한 뒷부분 외피 뒷 면에 스타본드로 본드칠해 준다. 본드칠 간격은 15~20mm 정도 로 한다.

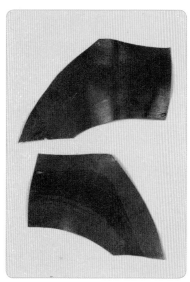

❷ 내피도 동일하게 본드칠한다.

⑤ 본드칠 후 그리기 공정

 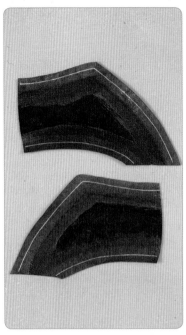

뒷부분 본드칠을 다 한 후 본드가 어느 정도 마른 상태에서 외피 패턴을 대고 은펜으로 외곽선을 그린다. 그리기 공정에서 중요한 점은 흔들리지 않도록 평평한 곳에서 작업을 해야 하는 것이다. 일반적으로 패턴과 가죽을 스테이플러로 고정한 후 그려준다.

⑥ 테이프 넣기 공정

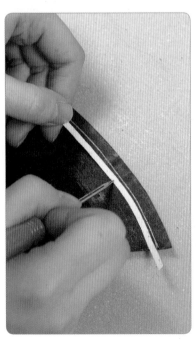 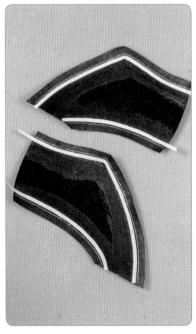 

그리기 공정이 끝난 후 그린 선에서 1mm 정도 띄어서 3mm 도리테이프를 일정하게 붙인다. 도리테이프는 박음질할 때 힘이 들어가 견고하게 만들어 주고 디자인 선을 잡아주는 역할을 한다.

7 뒷부분 외피 연결 공정

❶ 각각 분리되어 있는 뒷부분 외피 가죽을 연결하기 위해서 박음질한다. 박음질할 때는 부착되어 있던 도리테이프를 살짝 떼어 주고 손은 위아래를 잡는다. 내피도 동일한 방법으로 박음질하면 된다.

❷ 뒷부분 외피, 내피 연결이 완성된 모습

8 뒷부분 외피 보강테이프 붙이는 공정

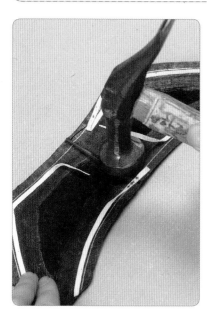

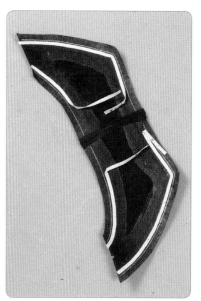

❶ 박음질한 외피 가죽 부분을 망치로 고르게 두들기며 주름이 생기지 않도록 한다. 박음질한 부분에 보강테이프(와리천)를 위에서 아래로 매끄럽게 부착한다. 이 작업은 실이 풀어지지 않게 하고 견고함을 유지하기 위함이다.

 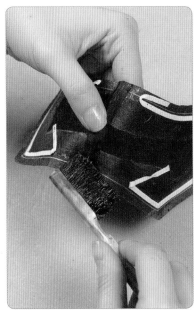 

❷ 보강테이프를 부착한 후 망치로 가볍게 두들겨 준다. 그 다음 떨어졌던 부분에 본드칠하고 다시 도리테이프를 선에 맞추고 부착한다.

⑨ 뒷부분 외피 칼금 넣기 공정

 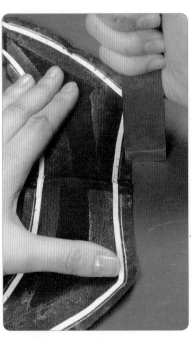 

보강테이프 붙이는 공정이 끝난 후 접음질하기 위해 갑피용 칼로 칼금을 주며, 칼금 간격은 2mm 정도로 준다. 칼금 작업이 없이 접음질하면 접음질이 고르게 되지 않고 패턴이 곡선 부분일 경우 접음질이 잘 되지 않기 때문에 필수로 해야 한다. 이때 칼의 뒷부위가 축이 되어 앞에서 뒤로 칼금 작업을 한다.

⑩ 뒷부분 외피 접음질 공정

❶ 칼금 공정이 끝난 후 송곳이나 손으로 접는 여분을 접으면서 망치로 가볍게 눌러준다. 이때 접는 여분이 깨끗하게 부착되고 주름이 생기지 않도록 주의해야 한다.

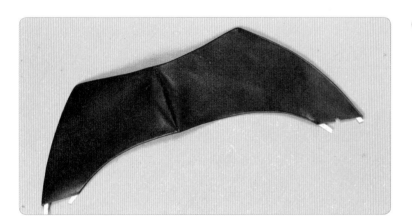

❷ 뒷부분 외피가 완성된 모습

⑪ 밴드와 뒷부분 외피 붙이는 공정

❶ 뒷부분 외피 가죽 양쪽 끝부분과 밴드 양쪽 끝부분에 5mm 정도 본드칠해 준다.

❷ 본드칠한 후 뒷부분 외피 가죽과 밴드를 부착해 준다. 붙이고 난 후 두 손으로 잠시 눌러주면 고정된다.

⑫ 외피와 내피 붙이는 공정

  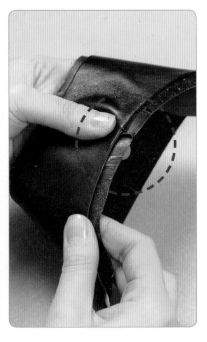

각각 작업한 외피와 내피를 붙이는데 내피 가죽을 외피 가죽 위에 사진처럼 10mm 정도 올라오게 하면서 뒤에서부터 앞으로 부착해 준다. 이때 외피가 울지 않도록 부착해야 한다. 외피와 내피를 잘 부착하기 위해서는 여러 번 밀어주고 당겨주면서 자리를 잡아주는 것이 중요하다.

13 최종 마무리 박음질 공정

❶ 외피와 내피를 붙인 후 작업 지시서에 표시한 실로 박음질한다. 일반적으로 외피 색상과 어울리는 실(재실)로 박음질해 준다. 이때 접음질 라인에서 1.5mm 떨어진 곳에 박음질한다.

❷ 외피 가죽과 내피 가죽을 박음질하여 결합시킨 모습이다. 발등 밴드 부분은 내피 가죽 없이 홑겹으로 뒷부분 외피 가죽과 내피 가죽 속에 10mm 정도 들어간 상태에서 박음질해 준다. 이때 너무 얇게 들어간 상태에서 박음질하게 되면 밴드가 튀어나와 수선해야 하기 때문에 적당한 위치에서 박음질하는 것이 중요하다.

14 내피 홈칼질 공정

❶ 최종 재봉틀 작업을 한 후 내피의 남은 부분을 가위로 잘라낸다. 이런 홈칼질 작업을 현장에서는 이찌기리라고 한다. 주로 가위나 홈칼질용 칼을 사용하여 작업한다. 홈칼질 공정 작업을 할 때 가위를 비스듬히 눕히고 남은 가죽을 살짝 당기면 쉽게 작업할 수 있다.

❷ 샌들 제갑(갑피) 작업이 완성된 모습

4　저부 공정

샌들 제작을 위한 저부(조립) 준비물은 다음과 같다.

완성된 제갑(갑피), 라스트, 중창, 창, 까래 스펀지, 까래, 굽, 가보시, 굽싸개 가죽, 중창싸개 가죽(중복되는 준비물 제외)

Tip 싸개 가죽은 대스끼(피할) 과정을 한 후 사용해야 한다. 그 이유는 최대한 얇은 가죽으로 만들어서 싸야 접착이 잘 되고 보기에도 좋기 때문이다. 싸개 가죽에는 중창싸개용, 굽싸개용 등이 있다.

① 중창 자리본(패턴) 만드는 공정

 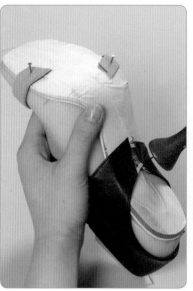 

❶ 샌들 디자인 조립 공정에서 가장 중요한 부분이다. 준비된 갑피(제갑)를 라스트 위에 골씌움하면서 저부 중창(패턴) 자리를 잡아준다. 이것이 중창 패턴의 기본 작업이다.

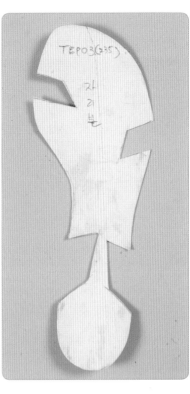

❷ 종이에 중창 모양을 그대로 그
　린다.

❸ 중창 패턴이 완성된 모습

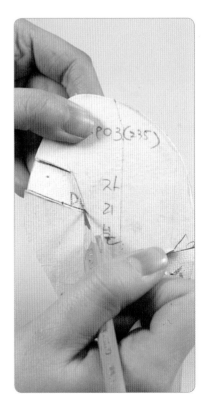

❹ 중창 패턴을 대고 중창에 옮
　겨 그린다.

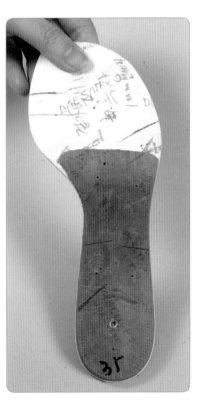

❺ 중창에 갑피 자리를 완성한 후
　모습

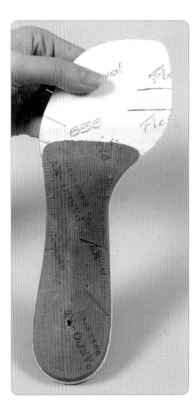

❻ 중창에 중창 패턴을 그려서 완
　성한 모습

② 중창 홈파기 공정

❶ 아래 끝부분(라인)을 고르게 만들어 준다. 중창 아래 부분이 고르지 못하면 외피 중창 싸기 공정을 할 때 가죽이 손상되기 때문에 고르게 작업을 해야 한다.

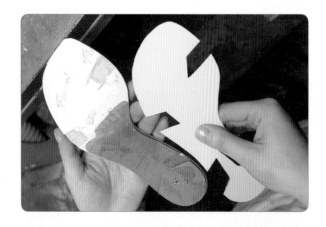

❷ 중창에 제갑(갑피)을 매끄럽게 붙이기 위해 중창 패턴을 대고 홈 파낼 위치를 확보한다.

 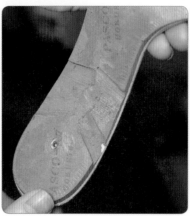 

❸ 중창 패턴대로 톱 기계를 이용하여 샌들 앞부분에 들어가는 가죽 두께만큼 홈을 만들어 준다(아대를 고르게 만드는 공정).

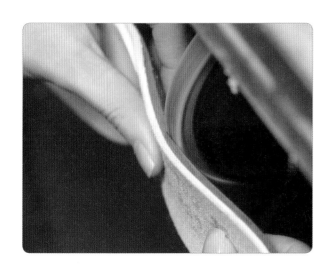

❹ 중창 패턴대로 연마 기계를 이용하여 샌들 뒷부분에 들어가는 가죽 두께만큼 홈을 만들어 준다.

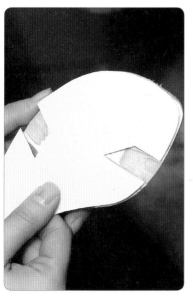 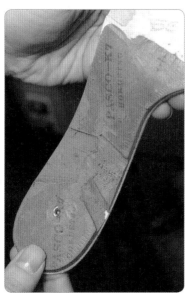

❺ 샌들 앞부분 중창 홈이 완성된 모습
❻ 샌들 뒷부분 중창 홈이 완성된 모습

③ 중창 본드칠 공정

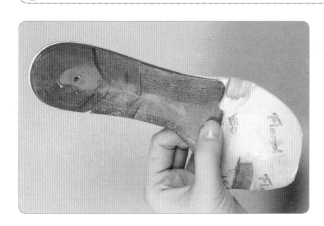

❶ 중창 싸기를 위해 준비하는 모습

Tip 중창 싸기 : 샌들처럼 바닥이 다 보이는 디자인의 경우 중창 앞부분과 옆 테두리 부분에 가죽으로 싸주는 과정을 말한다. 중창 싸기 가죽은 일반적으로 두께 0.8mm로 한다.

❷ 중창 싸기를 위해 스타본드를 이용해 중창 뒷면 끝부분에서 안쪽 방향으로 6~8mm 정도 본드칠한다. 윗
  부분은 전체적으로 고르게 본드칠한다.

❸ 중창싸개 가죽 모습(왼쪽부
  터 옆싸개용, 가보시용, 앞싸
  개용)

❹ 가죽에 연화제(소주)를 뿌려 가
  죽을 부드럽게 만들어 준다. 연
  화제를 뿌린 후 약 1시간 이내
  에 작업을 해야 한다.

❺ 연화제를 뿌리고 5분 이내에
  스타본드를 이용하여 앞싸개에
  본드칠해 준다.

④ 중창 싸기 공정

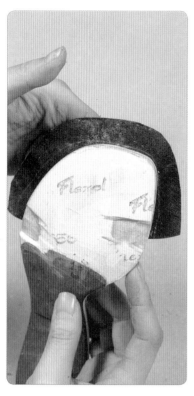
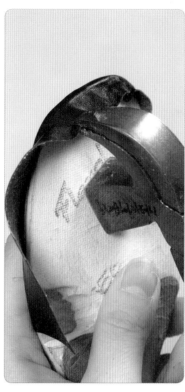

❶ 중창 앞부분에 홈 가죽을 싸기 위해서 홈을 판 곳에 앞싸개 가죽을 맞추어 싸야 한다. 그래야만 옆싸개 가죽과 앞싸개 가죽이 이어지는 부분을 자연스럽게 연결할 수 있기 때문이다.

❷ 앞코(toe) 부분에서 가죽에 주름이 가지 않도록 고소리를 이용하여 당겨준다. 고소리를 당길 때 너무 힘을 주면 가죽이 손상될 수 있으므로 주의한다.

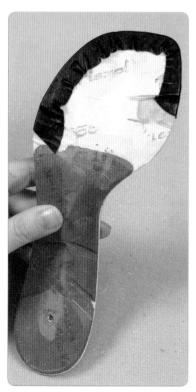

❸ 중창에 앞싸개 가죽이 완성된 모습(뒷모습)

❹ 중창에 앞싸개 가죽이 완성된 모습(앞모습)

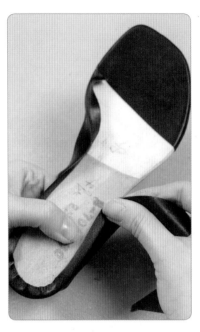

❺ 앞싸개 끝부분에 맞춰 옆싸개
를 시작한다.

❻ 옆싸개 가죽으로 중창을 둘러
싼다. 주름이 생기지 않도록 가
죽을 잘 늘려가며 작업한다.

❼ 옆싸개와 앞싸개가 만나는 지
점을 1:1로 맞추어 칼로 잘라
준다.

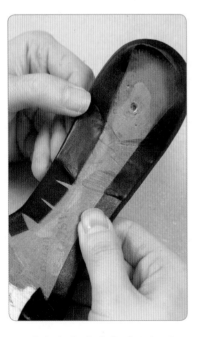

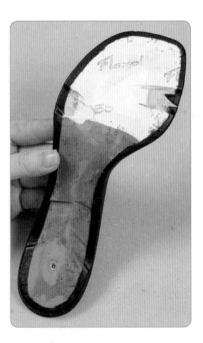

❽ 뒷부분의 옆싸개 가죽을 싸는
모습

❾ 뒷부분 옆싸개 가죽을 쌀 때 가
위질을 해 주면 주름 없이 잘 쌀
수 있다.

❿ 중창 싸기 할 때 여유분을 준
가죽을 깨끗이 정리한 모습

Tip 앞싸개, 옆싸개 : 주름을 제거하고, 외피 가죽을 쌀 때 겹치기를 방지하기 위해 8~10mm 정도 남긴다.

5 중창 싸기 연마 공정

❶ 완성된 중창싸개 가죽을 연마(기모)한다(표면 고르기). 가죽이 고르지 않은 상황에서는 창(out sole)과 1:1 결합이 잘 되지 않기 때문에 연마를 이용하여 표면 고르기 작업을 해야 잘 떨어지지 않는다.

❷ 중창싸개 가죽 연마가 완성된 모습

6 라스트에 중창 덮기 공정

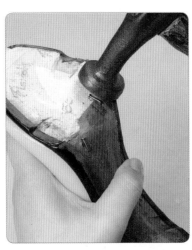

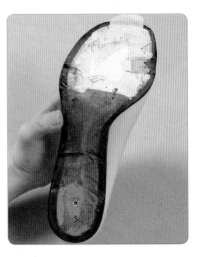

❶ 라스트 힐 커브 바닥 부분과 중창 뒷부분을 1:1로 맞추어 골못을 이용해서 고정하는데, 뒷부분은 골못 깊이 $\frac{3}{4}$ 정도 박고 남은 부분은 접어준다.

❷ 뒤꿈치 부분을 고정한 다음 중간 부분(주로 아대의 시작 부분)도 고정해 준다.

❸ 라스트에 중창 덮기가 완성된 모습

Tip ▶ 라스트에 중창 못 박는 지점

❶ 중창 뒷부분에서 앞 방향으로 2.5cm 지점 박는다($\frac{3}{4}$).

❷ 중창 중간 부분 가운데에 못을 박는다($\frac{2}{3}$).

❸ 중창 중간 부분과 앞코 부분 $\frac{1}{2}$ 지점에 못을 박는다($\frac{1}{2}$).

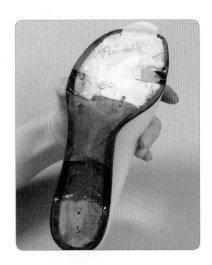

❹ 라스트에 중창 덮기가 완성되면 전체적으로 다시 한 번 본드칠해 준다. 샌들 갑피 가죽이 들어가는 중창 홈에 결합이 잘 되도록 본드칠해 준다. 주로 936 본드를 사용한다.

❺ 골씌움 작업을 하기 위한 사전 작업이 완성된 모습

7 가보시(플랫폼) 본드칠 공정

 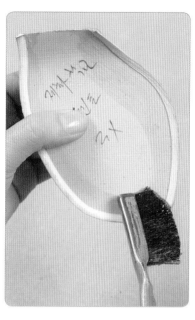 

❶ 준비된 앞 가보시(플랫폼) 바닥에 전체적으로 본드칠한다.

❷ 윗부분에도 본드를 칠한다.

❸ 936 본드를 사용하여 옆부분에 깨끗하고 고르게 본드칠한다.

8 가보시 싸기 공정

❶ 앞코에 가보시용 싸개 가죽을 맞춘다.

❷ 옆면을 잘 눌러가며 주름이 생기지 않도록 둘러싼다.

❸ 가보시 앞부분을 싸는 모습

❹ 가보시 뒷부분을 싸는 모습
❺ 커터칼을 이용하여 여유분을 정리한다.

❻ 윗면이 정리된 모습
❼ 가보시용 싸개가 완성된 모습

❾ 가보시(플랫폼) 본드칠 공정

❶ 윗부분은 가보시를 외곽 끝에서 1mm 남기고 전체적으로 고르게 본드칠한다. 본드가 노출되면 깨끗하지 않아 작업을 다시 해야 하기 때문에 1mm 정도 남기고 한다.

❷ 바닥 부분은 창과 가보시를 1:1로 본드칠해 준다.

❸ 가보시 본드칠이 완성된 모습

⑩ 골싸기 공정

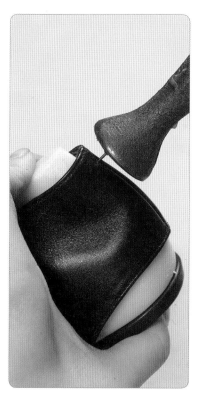

❶ 라스트 힐커브 부분에 중심잡기 못(금못)을 박아준다.

❷ 발등 부분에 골싸기를 위해 중심 잡기 못(금못)을 박아준다.

Tip 다른 부분에 못을 박을 경우 가죽에 손상이 생기기 때문에 못 박는 위치 는 박음질 사이에 있어야 한다. 골못 은 두께가 두꺼워 구멍이 크게 나고 금못은 두께가 얇아 구멍이 작게 나 기 때문에 갑피 상단 부분의 중심잡 기용 못은 금못으로 한다.

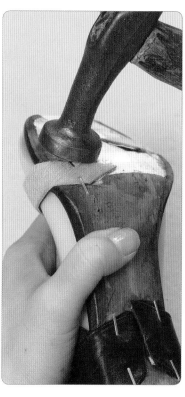

❸ 바닥 부분에 골싸기를 위해 중심 잡기 못(골못)을 박아준다.

❹ 바닥 앞부분에도 골싸기를 위해 중심잡기 못(골못)을 박아준다.

Tip 앞부분은 골씌움할 때 타카총을 사 용하지 않는다. 그 이유는 못 구멍 이 튀어나와서 미관상 안 좋기 때문 이다.

❺ 고정된 뒷부분에 에어타카를 이용하여 핀을 박아준다.

❻ 중심잡기용 앞부분과 뒷부분 골못을 제거해 준다. 라스트와 중창 덮기 공정에 사용했던 못 역시 제거해 준다.

Tip▶ **타카 박는 위치(지점)** : 외곽 끝부분에서 7mm 정도 위치에 박는다.
골못 박는 위치(지점) : 외곽 끝부분에서 10mm 정도 위치에 박는다.

❼ 골싸기용 골못을 제거한 모습
❽ 골싸기 공정이 완성되고 위에서 본 모습

⑪ 가보시 붙이는 공정

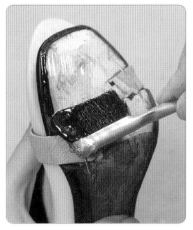 

❶ 가보시를 붙이기 위해 전체적으로 본드칠한다(936 본드 사용). 본드칠할 때 본드가 밖으로 나가지 않도록 주의해야 한다.
❷ 본드칠이 완성된 모습

 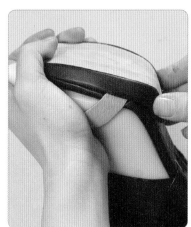

❸ 가보시를 라스트의 앞부분과 잘 맞춰 붙인다.

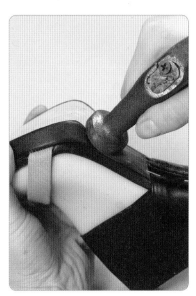 

❹ 붙인 가보시와 중창이 잘 밀착될 수 있도록 망치를 이용하여 밀어준다.
❺ 가보시가 부착된 모습

⑫ 연마 공정

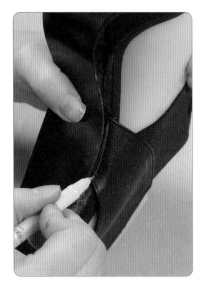

❶ 연마 공정은 창과 골씌움 한 라스트를 붙이기 위한 공정이 다. 칼로 주름 잡힌 부분과 두 꺼운 부분을 제거한 뒤 라스트 바닥에 창과 굽을 대고 은펜을 이용하여 라인을 그려준다.

❷ 완성된 모습

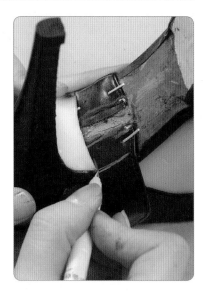

❸ 굽을 붙이기 위해서 라인펜으 로 그리는 모습

❹ 연마 기구를 사용하여 전체적으로 고르게 만들어 준다. 이때 그려준 창 라인을 넘지 않도록 주의해야 한 다. 전체적으로 표면을 고르게 연마해야 하는데, 너무 강하게(깊게) 연마할 경우 가죽이 손상되므로 주 의한다.

⓭ 바닥면 본드칠하기 공정

❶ 연마한 바닥 표면에 창을 붙이기 위해서 936 본드를 칠하는 작업이다. 이때 너무 많이 본드칠을 하여 옆면에 나오지 않도록 조심해야 한다.

❷ 은펜으로 선을 그어두고 작업하면 편리하다.

⓮ 창 본드칠 공정

❶ 창을 결합하기 위해 936 본드를 사용하여 안에서 밖으로 본드칠한다.

❷ 본드칠할 때 창과 굽 외곽선에 맞추어 본드칠한다.

⑮ 굽 본드칠 공정

❶ 굽과 창을 결합하기 위해 본드 칠한다.

❷ 본드칠한 다음 자연 건조 후 결합한다.

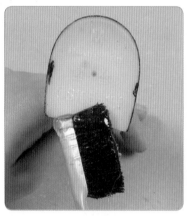
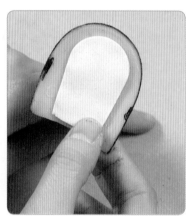

❸ 중창 뒷부분과 굽이 결합할 수 있도록 본드칠한다.

❹ 본드칠한 다음 쿠션을 넣고 미끄러지지 않게 삽입한다. 쿠션이 들어가지 않으면 결합할 때 잘 고정되지 않기 때문이다.

⑯ 창 붙이는 공정

❶ 자연 건조한 창은 다시 가열하여 부드럽게 만든 상태에서 창 붙이기 공정을 한다. 가열 도구로는 제화용 난로나 제화용 드라이어를 사용한다. 가열한 바닥창을 연마한 골씌움 라스트와 붙이는 작업이다. 먼저 바닥창을 라스트 밑에 놓은 후 손으로 누르면서 뒷부분을 맞춘 뒤 창과 바닥면을 망치로 밀어주면서 접착시킨다.

❷ 굽과 창을 결합하는 모습. 최
대한 외곽 라인을 1:1로 붙이
도록 한다.

❸ 창을 당기면서 굽과 밀착하도
록 붙인다.

❹ 세세한 부분은 망치 윗부분을
이용하여 부착한다.

❺ 접착한 바닥창의 굽 부분에 남아
있는 창을 따낸다. 이때 굽 커브
(굽이 휘는 각도)에 유의하면서
깔끔하게 정리한다.

❻ 솔을 이용하여 전체적으로 본드
이물질을 제거한다.

17 라스트 분리(탈골) 공정

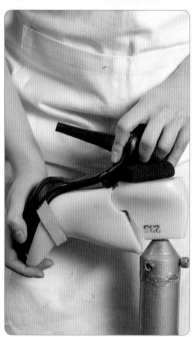
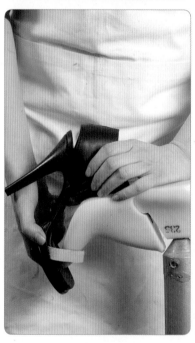

이 작업은 골빼기 작업이라고 하는데, 이 작업 시 뒷부분과 앞부분에 힘을 가하여 분리하면 구두 형태에 손상을 줄 수 있기 때문에 주의해서 작업해야 한다. 최대한 천천히 밀착했던 공기가 빠져나올 수 있도록 조심해서 분리한다. 이때 굽이 떨어지지 않도록 중창 뒷부분과 앞부분을 잡아준다.

⑱ 굽 못 박는 공정

굽을 완전히 고정시키기 위해 못을 박는 작업(보루방)을 한다. 못이 너무 깊이 박혀 아대가 훼손되거나 못이 덜 박혀 발이 아프지 않도록 주의하며 굽 못을 박을 때는 일자에서 조금 기울여 박아주어야 고정이 잘된다. 못이 굽 밖으로 나가지 않도록 조심한다.

Tip 중심 잡은 첫 번째 굽 못의 길이는 25mm, 두 번째, 세 번째 굽 못의 길이는 22mm로 한다.

⑲ 까래(브랜드) 붙이는 공정

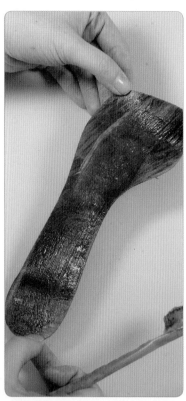

❶ 까래 뒷면에 스타본드를 안에서 밖으로 칠해준다. 그 위에 쿠션(스펀지)을 놓고 다시 본드칠해준다. 이때 쿠션은 좌우 및 밑에서 10~15mm 떨어진 위치에 붙인다. 까래에 본드칠한 후 잘 분리되지 않도록 까래 윗부분만 936 본드로 다시 본드칠하여 붙인다.

 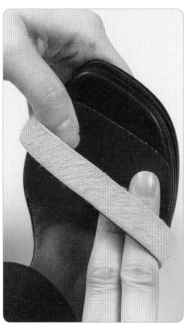

❷ 본드가 마르면 내피에 묻지 않
도록 주의하며 중창에 부착한다.

㉒ 최종 제품 완성

Chapter

5

옥스퍼드 구두

oxford shoes

디자인 공정

- 아이디어 스케치
- 디테일 스케치
- 컬러, 소재 선정
- 스케치
- 최종 디자인
- 작업 지시서

재단 공정

- 외피 그리기 공정
- 내피 그리기 공정
- 외피 및 내피 오리기 공정

갑피 공정

- 외피 및 내피 스카이빙(피할) 공정
- 외피 및 내피 본드칠 공정
- 내피와 갑보(지활재) 연결 공정
- 외피 패턴 대고 그리기 공정
- 외피 테이프 넣기 공정
- 외피 칼금 넣기 공정
- 외피 접음질 공정
- 외피 마무리 공정
- 앞날개 연결 및 홈칼질 공정
- 외피 뒤축 박음질 공정
- 외피 보강테이프 붙이기 공정
- 외피와 내피를 결합하는 공정
- 내피 홈칼질 공정
- 구두끈 펀칭(누끼) 공정
- 최종 박음질 공정
- 최종 갑피 완성

저부 공정

- 제가(갑피) 가죽 연화 공정
- 라스트에 중창 덮기 공정
- 월형 삽입 공정
- 선심 삽입 공정
- 골씌움(골싸기) 공정
- 건조 공정
- 건조 후 못 빼는 공정
- 연마 공정
- 창 붙이는 공정
- 바닥면 본드 칠하기 공정
- 창 붙이는 공정
- 케어 공정
- 라스트 분리(탈골) 공정
- 화인(불박) 공정
- 까래(브랜드) 붙이기 공정
- 최종 제품 완성

oxford
shoes
making
process

1   디자인 공정

1   아이디어 스케치

② 디테일 스케치

③ 컬러, 소재 선정

❶ 다양한 디자인 패턴 중에서 자신이 원하는 패턴을 선택한다.
❷ 선택한 패턴 중에서 디테일을 어떻게 할 것인지 최종적으로 선택한다.
❸ 마지막으로 컬러 매치와 소재 매치를 결정한다.

④ 스케치

⑤ 최종 디자인

⑥ 작업 지시서

끈두께 : 0.3cm
외피 2
5cm
외피 1
외피 3
7cm
깔창
굽보다
0.5cm 앞에
3cm
스티치 : 화이트 2합

소재	외피 1		NS 피혁 다크브라운 세무
	외피 2		NS 피혁 베이지 카프
	외피 3		NS 피혁 블랙 에나멜
	내피		NS 피혁 베이지 돈피

제품명	컬러 콤비 옥스포드(color combi oxford)
디자이너	Mr. Cha
작성인	Mr. Cha
작성일	2013-4-18
브랜드	NS SHOES
시즌	2013 f/w
타깃	20대 중반~30대 중반
라스트	NS 1303
힐	NS 73503
창	블랙 판창
중창	NS 35-240
갑보	베이지 양가죽
월형	○
선심	○
까래	로고 불박
데코레이션	×
뗀가와	×
가보시	×
부자재	블랙 가죽끈 0.3cm

2 재단 공정

1 외피(원단) 그리기 공정

 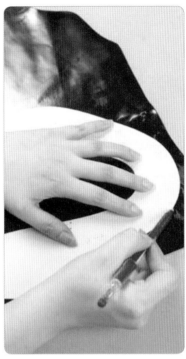

❶ 외피 가죽에 재단 패턴을 올려 놓고 은펜으로 패턴의 외곽선을 그려준다. 이 경우 한쪽(좌)만 그려주는 것이기 때문에 다른 한쪽(우)은 패턴을 뒤집어서 같은 방법으로 외곽선을 그려주면 된다.

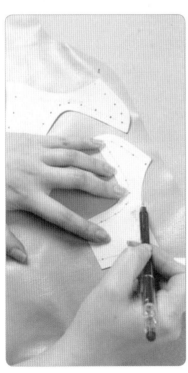 

❷ 이때 재단 패턴은 실제 패턴보다 6mm 정도 띄어 만들어 주는데, 이는 제갑(갑피) 작업 시 접기 위한 간격을 주기 위해서이다. 접는 작업 과정이 없는 경우는 실제 패턴으로 재단하면 된다. 가죽에 상처(스크래치)가 있거나 얼룩 등이 있는 부분은 피해서 패턴을 놓고 최대한 가죽을 많이 활용하여 손실되는 가죽을 최소화한다.

② 내피(원단) 그리기 공정

 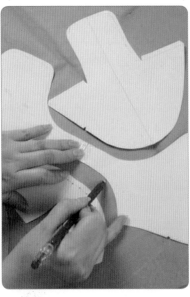 

준비된 옥스퍼드 내피 패턴을 내피용 소재에 놓고 그려준다. 한쪽 재단 시에는 겹치지 않게 재단하지만 두 쪽 이상 재단 시에는 겹쳐서 재단하는 것이 더 효율적이다. 다만, 외피 가죽은 가죽 특성상 장마다 표면과 사이즈가 다르기 때문에 겹쳐서 재단할 수 없다. 내피 가죽의 경우 하단은 1:1 패턴으로 그려주고 톱 라인(아구) 부분은 10mm 살려 그려주는데, 그 이유는 외피 가죽과 내피 가죽 결합 후 홈 칼질을 하기 위한 간격이 필요하기 때문이다.

③ 외피 및 내피 오리기 공정

외피 가죽과 내피 가죽 외곽선을 따라 재단 칼이나 가위로 각각 재단한다. 대량으로 재단할 때는 철형을 만들어 프레스 재단을 주로 하고 소량일 때는 개인이 칼로 하나하나 재단하는 것이 일반적이다. 칼로 재단 시에는 정교하지만 시간이 많이 소요되고, 숙련되지 않으면 사고로 이어지기 때문에 주의해야 한다. 가위로 재단 시에는 숙련되지 않아도 재단할 수 있으며 칼로 재단하는 것보다 정교하지는 않지만 위험성은 낮다.

3 갑피 공정

옥스포드 갑피 제작을 위한 준비물은 다음과 같다.

원자재인 외피 가죽, 내피 가죽, 패턴, 실, 끈(중복되는 준비물은 제외)

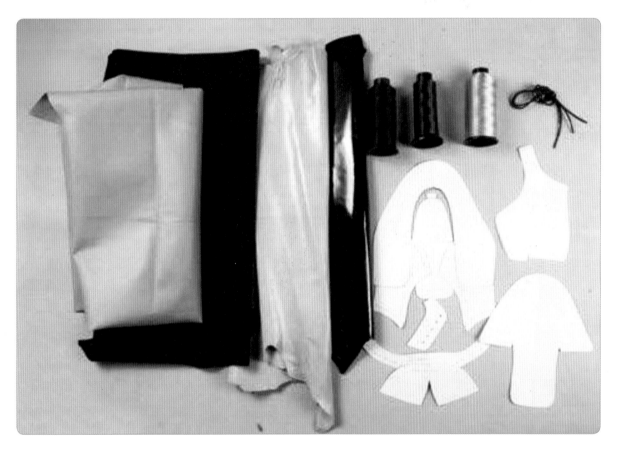

Tip 싸개 가죽은 대스끼(피할) 과정을 한 후 사용해야 한다. 그 이유는 최대한 얇은 가죽으로 만들어서 싸야 접착이 잘 되고 보기에도 좋기 때문이다. 싸개 가죽에는 중창싸개용, 굽싸개용 등이 있다.

1 외피 및 내피 스카이빙(피할) 공정

❶ 철자로 스카이빙 폭을 정확하게 파악한 후 재단된 외피 가죽을 스카이빙한다. 스카이빙 공정을 통해 외피 가죽의 가장자리를 접거나 포개어 접음질하는 면과 면이 잘 맞아지게 하면 가죽 두께를 줄여주어 재봉틀도 편하게 사용할 수 있으며 디자인상 자연스럽고 착화 시 압박을 줄여줄 수 있다. 조립(저부) 공정에서 사용하는 중창싸개용, 굽싸개용 외피 가죽은 큰 스카이빙(대스끼)을 한 후 작업한다.

 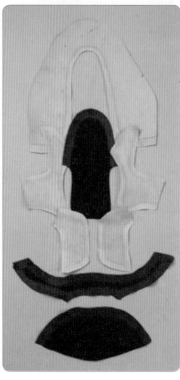

❷ 재단, 스카이빙을 한 외피, 내피 가죽의 모습
❸ 스카이빙이 완성된 모습

② 외피 및 내피 본드칠 공정

❶ 피할한 외피 가죽 뒷면에 속 테이프를 넣기 위해 2cm 정도 간격에 본드칠해 준다. 갑피 공정할 때 사용되는 접착용 본드는 스타본드(No. 35)가 주로 사용된다.

 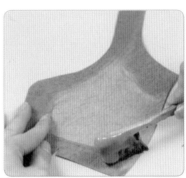

❷ 내피 역시 연결하는 부분마다 스타본드를 이용하여 본드칠한다.

  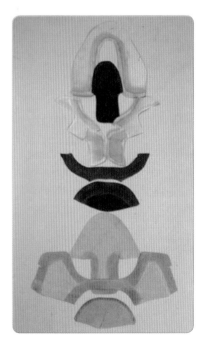

❸ 내피와 붙이기 위해 갑보(지활재)의 양쪽 끝 5mm 정도에 본드칠한다.

❹ 본드칠이 완성된 모습

③ 내피와 갑보(지활재) 연결 공정

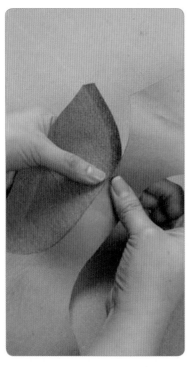 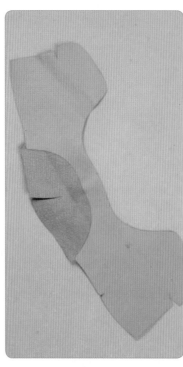

❶ 본드칠한 내피의 뒷날개와 지활재를 붙인다. 지활재는 주로 돈피나 합성 원단(샤무드)을 사용한다.

❷ 내피 뒷날개와 지활재가 연결된 모습

④ 외피 패턴 대고 그리기 공정

❶ 외피 패턴을 대고 은펜으로 외곽선을 그린다. 그리기 공정에서 중요한 점은 흔들리지 않도록 평평한 곳에서 작업을 해야 하는 것이다. 일반적으로 패턴과 가죽을 스테이플러로 고정한 후 그려준다.

❷ 가죽에 패턴이 옮겨진 모습

⑤ 외피 테이프 넣기 공정

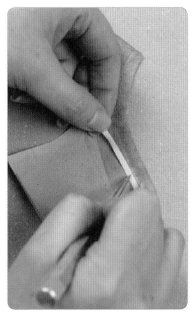 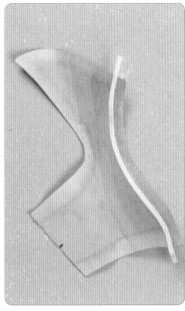

❶ 그리기 공정이 끝난 후 그린 선에서 1mm 정도 띄어서 3mm 도리테이프를 일정하게 붙인다. 도리테이프는 박음질할 때 힘이 들어가 견고하게 만들어 주고 디자인 선을 잡아주는 역할을 한다.

❷ 도리테이프 작업이 완성된 모습

⑥ 외피 칼금 넣기 공정

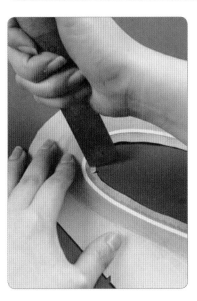 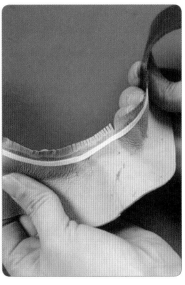 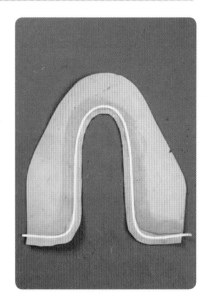

❶ 외피에 도리테이프를 붙인 후 접음질을 위해 갑피용 칼로 3mm 정도 띄어진 간격을 주며, 칼금 간격은 2mm 정도로 한다. 칼금 작업이 없이 접음질하면 접음질이 고르게 되지 않고 패턴이 곡선 부분일 경우 접음질이 잘 되지 않기 때문에 필수로 해야 한다. 이때 칼의 뒷부위가 축이 되어 앞에서 뒤로 칼금 작업을 한다.

❷ 칼금 작업이 완성된 모습

⑦ 외피 접음질 공정

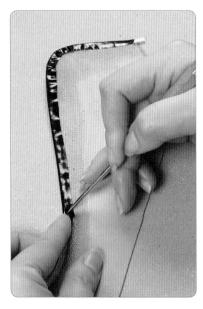 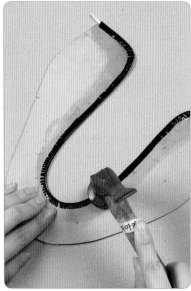

칼금 공정이 끝난 후 송곳이나 손으로 접는 여분을 접으면서 망치로 가볍게 눌러준다. 접음질할 때에는 가죽의 테이프 부착 라인에 왼손 검지를 밀착하여 넘겨가며 부착한다. 이때 접는 여분이 깨끗하게 부착되고 주름이 생기지 않도록 주의해야 한다.

⑧ 외피 마무리 공정

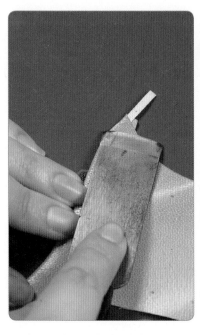  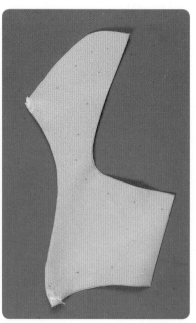

칼로 가죽을 비스듬히 날리는 공정인 이 작업은 여러 조각의 외피가 결합되는 부위가 너무 두꺼워지기 때문에 두께를 얇게 줄이기 위한 공정이다.

Tip 가외피 결합 부위가 너무 두꺼워지면 재봉틀(노루발)이 밀고 나가기 힘들기 때문에 재봉틀 땀수가 일정하지 않다. 따라서 칼로 가죽을 비스듬히 날리는 과정이 필요하다.

⑨ 앞날개 연결 및 홈칼질 공정

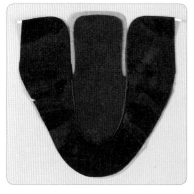
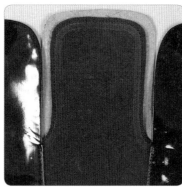

❶ 외피의 앞날개 부분을 연결한 후 내피와 연결하여 박음질한다.

❷ 내피의 텅(혀) 부분은 외피보다 약 8mm 정도 여유분을 준 상태에서 박음질한다.

❸ 재단칼을 이용하여 외피와 내피의 텅 부분을 딱 맞게 자른다.

❹ 앞날개가 완성된 모습

⑩ 외피 뒤축 박음질 공정

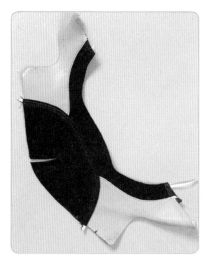

❶ 외피의 뒤축 부분을 박음질하여 연결한다. 박음질할 때에 원단이 흔들리지 않도록 손으로 위아래를 잡고 박음질한다.

❷ 뒤축이 연결된 모습

⑪ 외피 보강테이프 붙이기 공정

❶ 외피의 박음질한 부분을 고르게 망치로 두들겨 준다. 보강테이프를 붙이기 전 박음선 부분을 평평하게 펴주기 위함이다.

❷ 1cm의 보강테이프를 위에서 아래로 매끄럽게 붙여준다.

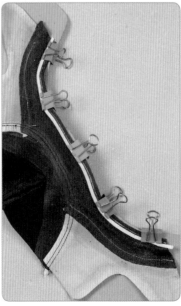

❸ 외피와 내피를 결합하기 위해 집게 등으로 고정시켜 준다. 집게로 고정하는 이유는 재봉틀을 편하게 박기 위함이다.

> **Tip** 이 공정은 재봉틀 실선이 바깥쪽과 안쪽 모두 보이지 않게 작업하는 것으로 외피와 내피를 1:1로 맞춰서 재봉틀을 박아야 한다.

❹ 뒤축 보강이 완성된 모습

⑫ 외피와 내피를 결합하는 공정

❶ 외피와 내피가 어긋나지 않도록 신중하게 박음질한다. 이때 도리 테이프에서 1.5~2.0mm 떨어져 박음질한다.

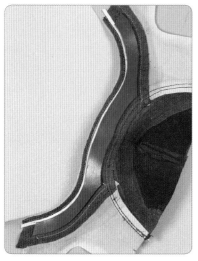  

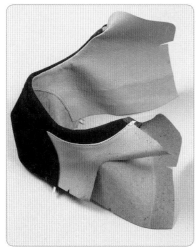

❷ 박음질한 후 반대로 뒤집어서 다시 접는다. 이때 접음선과 일치하도록 신경 써서 접어 작업한다.

⓭ 내피 홈칼질 공정

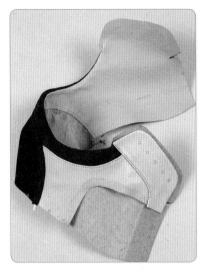  

최종 재봉틀 작업을 한 후 내피의 남은 부분을 가위로 잘라낸다. 이런 홈칼질 작업을 현장에서는 이찌기리라고 한다. 주로 가위나 홈칼질용 칼을 사용하여 작업한다. 홈칼질 공정 작업을 할 때 가위를 비스듬히 눕히고 남은 가죽을 살짝 당기면 쉽게 작업할 수 있다.

⓮ 구두끈 펀칭(누끼) 공정

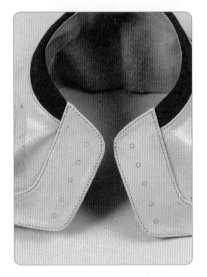  

❶ 끈을 묶을 수 있도록 펀칭 구멍을 내어준다. 펀칭할 자리에 일정한 간격으로 구멍을 그려준다.

❷ 미리 그려둔 자리에 펀칭 도구를 올려둔 다음 망치로 두들겨 구멍을 낸다. 이때 사용할 끈이 들어갈 수 있는 크기의 펀칭 도구를 사용해야 한다.

❸ 구두끈이 들어갈 구멍이 완성된 모습

15 최종 박음질 공정

옥스퍼드(더비)의 경우에는 외피와 내피를 각각 완성한 다음 연결하는 것이 아니라 외피와 내피를 교차하여 끼워 넣는 식으로 연결한다. 외피와 내피가 연결되어 있는 앞날개와 뒷날개를 끼워 넣은 후 박음질하여 완성한다.

16 최종 갑피 완성

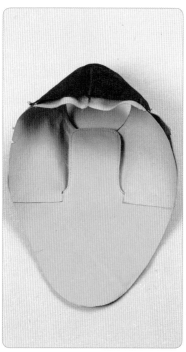

옥스퍼드 제갑(갑피) 작업이 완성된 모습

4 저부 공정

옥스퍼드 제작을 위한 저부(조립) 준비물은 다음과 같다.

완성된 제갑(갑피), 라스트, 중창, 창, 선심과 월형, 까래 스펀지, 까래, 속메움천(중복되는 준비물 제외)

1 제갑(갑피) 연화 공정

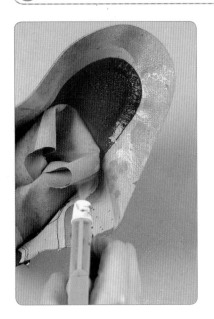

　　완성된 제갑(갑피)에 골씌움 작업을 쉽게 하기 위해서 연화제(소주)를 뿌려 가죽을 부드럽게 만들어 준다. 부드러운 양가죽일 경우에는 그냥 작업을 해도 무관하지만 딱딱한 소가죽의 경우 꼭 연화제를 뿌려 주고 작업을 해야 한다.

② 라스트에 중창 덮기 공정

❶ 라스트에 중창을 붙인 후 뒤꿈치 부분에 고정한다.

❷ 뒤꿈치 부분을 고정한 다음 중간 부분(주로 아대의 시작 부분)도 고정해 준다.

❸ 두 번째 고정이 끝난 후 앞부분을 고정한다.

❹ 라스트에 중창 덮기가 완성되면 전체적으로 본드칠한다. 주로 936 본드를 사용한다.

❺ 골씌움 작업을 하기 위한 사전 작업이 완성된 모습

③ 월형 삽입 공정

❶ 월형을 삽입하기 위해 윗부분을 중심으로 본드칠해 준다. 가죽과 월형에 모두 본드칠한다. 이때 사용하는 본드는 936 본드이다.

❷ 본드칠한 부분에 월형을 삽입한다. 이때 자신이 원하는 만큼의 크기로 월형을 만들어 준다.

❸ 안착된 월형에 다시 본드칠한다.

❹ 내피와 본드칠한 월형이 울지 않도록 잘 펴준다. 이때 월형의 형태를 유지하도록 김밥을 말아주는 것처럼 감싸주면 잘 삽입된다.

4 선심 삽입 공정

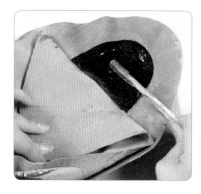 

❶ 앞부분 외피와 내피 사이에 936 본드를 칠해준다. 선심 삽입을 하기 위한 첫 번째 단계이다.

❷ 선심을 토 라인에서 1.5cm 정도 떨어진 부분에 안착해 준다.

 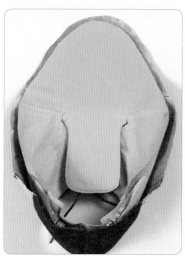

❸ 안착된 선심에 다시 본드를 바른다.

❹ 앞부분 내피와 외피 사이에 선심을 삽입하여 완성한 모습

5 골씌움(골싸기) 공정

 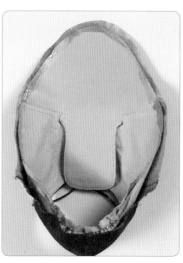

❶ 월형과 선심 삽입 공정이 끝나고 나면 골씌움 작업을 위한 준비로 내피 안쪽 아랫부분에 본드칠해 준다.

❷ 라스트에 갑피를 얹고 중심을 맞춘다.

❸ 첫 시작은 라스트 앞부분부터 골씌움(골싸기)을 하며, 고소리로 갑피 부분을 당겨주고 못을 박는다.

❹ 첫 번째 골씌움 못을 박아주고 중심을 맞추어 좌우로 못을 박으면서 골씌움을 한다. 이것이 2, 3번 중심 못 박기 작업이다.

  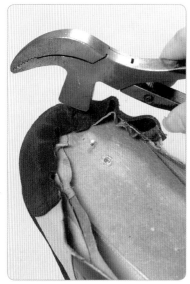

❺ 뒤꿈치(뒤축 포인트 지점, 도쿠리) 부분에 못(금못)을 박는다. 이때 못을 재봉틀 선 밖으로 박게 되면 가죽이 손상되기 때문에 재봉틀 선 사이에 박아주어야 한다. 금못은 뒤꿈치 부분(4번 중심못)에만 사용한다.

❻ 뒤꿈치 못을 박고 나서 아래 골밥 부분(5번 중심못)에 못을 박아준다.

  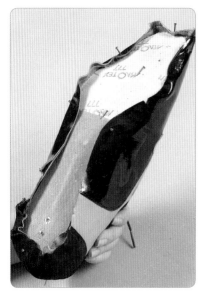

❼ 4, 5번 못을 박고 나서 아치 부분에 좌우로 못을 박아준다. 이때 못은 좌우 발볼 위치로 박아주면 되는데 대각선으로 당겨주면서 박아주어야 전체적으로 선이 아름답게 나온다. 여기까지가 6, 7번 중심 못 박기 완성이다.

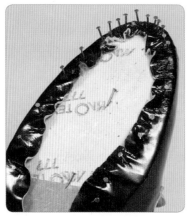

⑧ 앞코 부분은 곡선이 있어서 주름이 생기므로 촘촘히 박아주어야 주름이 없어지기 때문에 기본적인 중심잡기 골씌움이 끝나고 나면 다시 촘촘하게 못을 박아준다. 한 땀 한 땀 당기면서 박아주고 다시 망치질해 주어야 전체적으로 완성도가 높아진다.

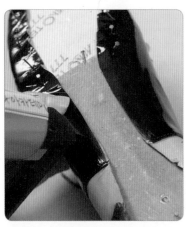
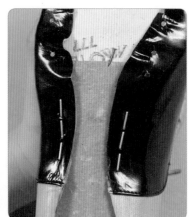

⑨ 앞부분 골씌움이 완성된 후 중간 부분은 에어타카로 촘촘히 밀어주면서 박아주면 된다. 특히 라스트 안쪽은 자연스럽게 형태를 유지하면서 박아주고, 바깥쪽은 타카총을 밀어주면서 박아주어야 한다.

⑩ 중간 부분이 끝난 후 뒷굽 부분도 촘촘하게 박아주면 골씌움 작업이 완성된다.

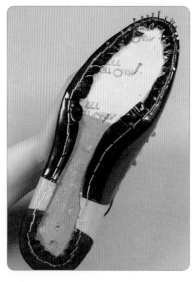

⑪ 골씌움 작업이 완성된 모습

⑫ 골씌움 작업이 완료된 후 뒤꿈치에 있는 금못을 제거한다.

6 건조 공정

　골씌움 작업이 끝나고 나면 건조기(찜통)에 넣고 100℃에서 30분간 건조한다. 건조기에 구두가 들어간 후 작업자는 남는 시간에 굽싸기 공정과 창 본드칠하기 공정을 작업하면 된다.

7 건조 후 못 빼는 공정

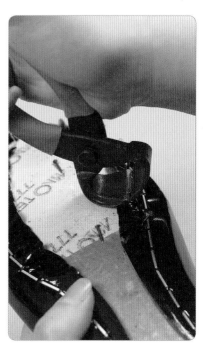  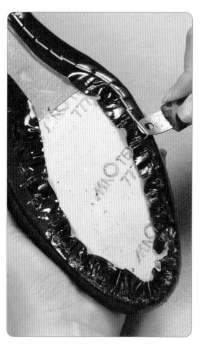

　건조되고 나온 구두의 못과 타카핀(스테이플러)을 모두 제거해 준다. 이때 라스트와 중창 덮기 작업을 했던 못도 모두 다 제거해 준다. 앞부분과 아치 부분에 있는 못과 타카핀은 모두 제거해야 하지만 굽자리 부분에 있는 못은 남겨두어도 상관은 없다. 못을 제거할 때 방울집게나 송곳을 사용하여 작업하는데 집게 방향은 바깥에서 안쪽으로 하여 작업한다. 못을 제거하지 않으면 탈골 후 못이 나와 착화 시 큰 사고가 발생할 수 있다.

⑧ 연마 공정

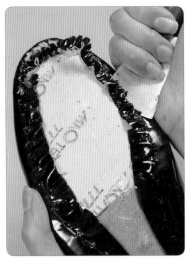 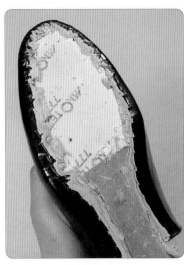

❶ 연마 공정은 창과 골씌움한 라스트를 붙이기 위한 공정이다. 이때 중창 부분이 잘려나가지 않도록 조심해야 한다. 칼로 주름 잡힌 부분과 두꺼운 부분을 제거해준다.

❷ 칼로 주름과 두꺼운 부분을 제거한 모습

❸ 연마 첫 번째 단계가 끝나고 나면 라스트 바닥에 창을 대고 은펜을 이용하여 창 라인을 그려준 다음 연마 기계를 사용하여 전체적으로 고르게 만들어 준다. 이때 그려준 창 라인을 넘지 않도록 주의해야 한다.

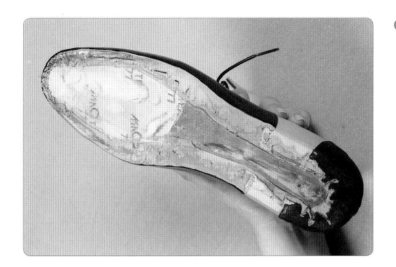

❹ 연마 공정이 완성된 모습

⑨ 창 붙이는 공정

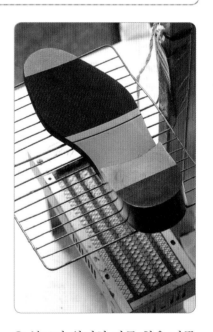

❶ 창을 붙이기 위해서 936 본드를 사용하여 안에서 밖으로 본드칠한다. 안에서 밖으로 발라주는 이유는 창 옆면에 본드가 묻지 않도록 하기 위해서이다.

❷ 본드가 완전히 마른 창을 따뜻한 난로에 구워준다. 달궈진 창은 쉽게 늘어나기 때문에 창 붙이기가 용이하다. 너무 오랜 시간 열을 가하면 기포가 발생하면서 본드가 뜨게 되므로 주의해야 한다. 난로가 없으면 구두용 드라이어로 가열하여 붙이면 된다.

⑩ 바닥면 본드칠하기 공정

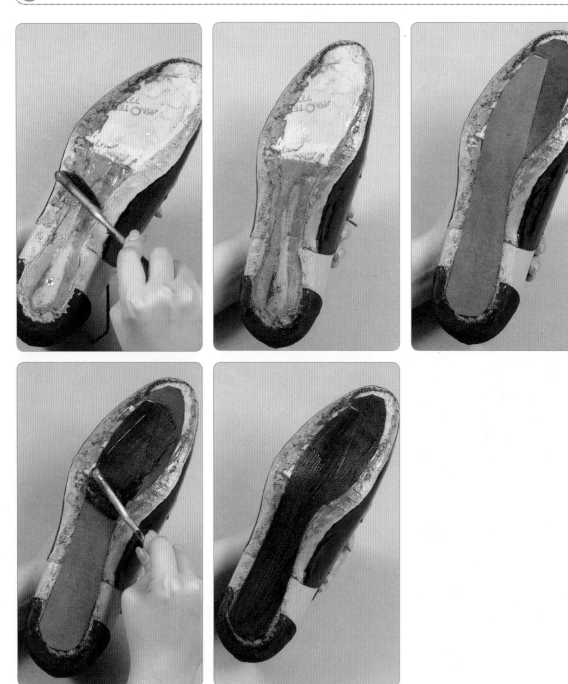

　　연마한 바닥 표면에 창을 붙이기 위해서 936 본드를 칠하는 작업이다. 이때 너무 많이 본드칠을 하여 옆면에 나오지 않도록 조심해야 한다. 연마하고 초벌 본드칠 후 가운데 비어 있는 부분을 속메움 천으로 채우고 다시 한 번 전체적으로 본드칠한다. 속메움은 가죽이나 천, 스펀지 등 어떤 것을 사용해도 무방하다. 속메움을 하는 이유는 바닥면에 골씌움을 하고 나면 비어 있는 공간이 생기게 되는데, 이 비어 있는 공간을 메워주지 않으면 창이 잘 부착되지 않으며 평평하지 않아 착용 시 불편한 느낌을 주기 때문이다.

⑪ 창 붙이는 공정

❶ 이번 옥스퍼드 창은 굽과 창이 일체형이기 때문에 1:1로 바닥면과 창을 붙이면 된다. 먼저 앞부분부터 진행하는데, 바닥창을 라스트 밑에 놓은 후 손으로 누르면서 붙인다.

❷ 그 다음 뒷부분을 맞추어 손으로 누르면서 붙인다.

❸ 이렇게 붙인 창과 바닥면을 망치로 밀어주면서 접착시킨다.

❹ 접착한 창과 라스트를 압축기에 올리고 앞부분과 중간 뒷부분까지 잘 맞는지 확인한 후 사용한다. 이때, 2초 정도 압축하면 된다.

⑫ 케어 공정

❶ 부드러운 천을 사용하여 본드가 묻었거나 오염된 부분을 지운다.

❷ 골씌움(골싸기) 작업과 라스트, 창 접착이 완성된 모습

⓭ 라스트 분리(탈골) 공정

이 작업은 골빼기 작업이라고 하는데, 이 작업 시 뒷부분과 앞부분에 힘을 가하여 분리하면 구두 형태에 손상을 줄 수 있기 때문에 주의해서 작업해야 한다. 최대한 천천히 밀착했던 공기가 빠져나올 수 있도록 조심해서 분리한다.

⓮ 화인(불박) 공정

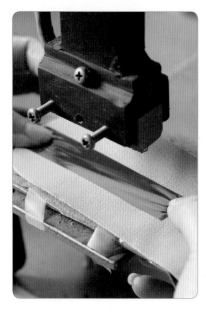  

브랜드 네임을 붙이기 위해서 가열한 기계에 준비한 까래를 올리고 1~2초 정도 찍어주면 된다. 화인의 컬러는 금박지, 은박지, 블랙지 테이프 등 다양하게 나올 수 있다.

⑮ 까래(브랜드) 붙이기 공정

옥스퍼드 까래는 중창과 1:1 까래가 아닌 반까래로 제작하였다.

까래 뒷면에 스타본드를 안에서 밖으로 칠해준다. 그 위에 쿠션(스펀지)을 놓고 다시 본드칠해 준다. 이때 쿠션은 좌우 및 밑에서 10~15mm 떨어진 위치에 붙인다. 다시 한 번 본드칠한 후 마르면 본드가 내피에 묻지 않도록 주의하며 중창에 부착한다.

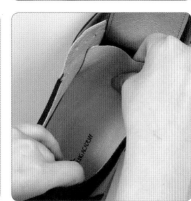

⑯ 최종 제품 완성

최종적으로 구두끈을 끼우면 완성된다.

Chapter
6

스니커즈
sneakers

디자인 공정

- 아이디어 스케치
- 러프 스케치
- 장식 선정
- 스케치
- 최종 디자인
- 작업 지시서

재단 공정

- 외피 및 내피 그리기 공정
- 외피 및 내피 오리기 공정
- 지활재 그리기 공정

갑피 공정

- 외피 및 내피 스카이빙(피할) 공정
- 외피 및 내피 본드칠 공정
- 내피와 갑보(지활재) 연결 공정
- 외피 본드칠 공정
- 외피 패턴 대고 그리기 공정
- 외피 테이프 넣기 공정
- 외피 및 내피 박음질 공정
- 외피 뒤 보강테이프 붙이기 공정
- 외피 뒤 마무리 공정
- 외피 본드칠 공정
- 바이어스 준비 공정
- 외피 바이어스 테이프 연결 공정
- 외피와 내피 붙이는 공정
- 내피 홈칼질 공정
- 장식(태슬) 달기 공정
- 최종 갑피 완성

저부 공정

- 월형 삽입 공정
- 선심 삽입 공정
- 골씌움(골싸기) 공정
- 건조 공정
- 건조 후 못 빼는 공정
- 창 접착 공정
- 연마 공정
- 바닥면 본드칠하기 공정
- 창 붙이는 공정
- 라스트 분리(탈골) 공정
- 화인(불박) 및 까래(브랜드) 붙이기 공정
- 최종 제품 완성

sneakers making process

1 디자인 공정

1 아이디어 스케치

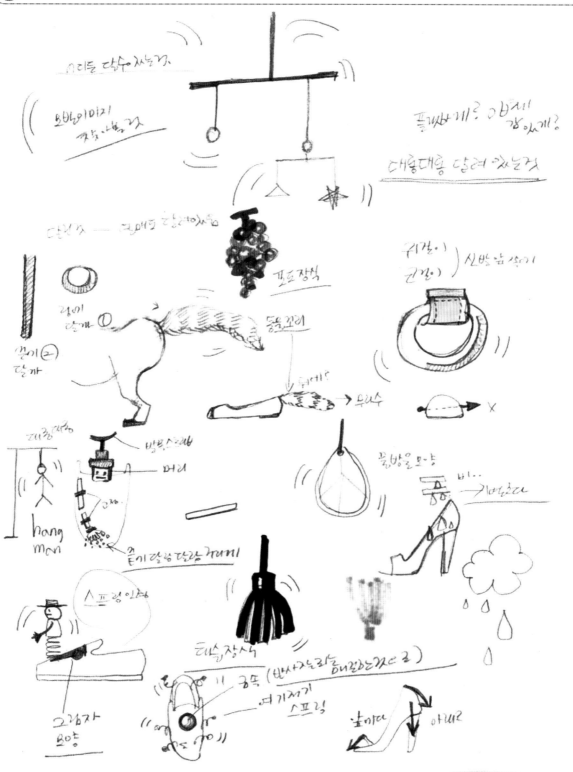

② 러프 스케치

③ 장식 선정

❶ 태슬(tassel) 장식을 평범하게 할 것인지, 아니면 조금 변경할 것인지 결정한다.

❷ 태슬의 길이를 길게 할 것인지, 아니면 짧게 할 것인지 결정한다.

❸ 실제 모양으로 디자인해 보면서 느낌을 알아본 후 선택한다.

④ 스케치

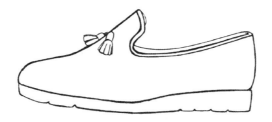

⑤ 최종 디자인

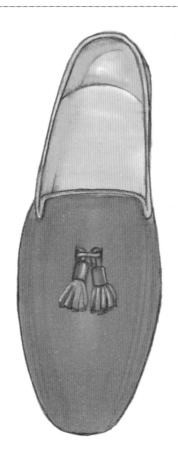

⑥ 작업 지시서

두께 : 0.4cm

3cm

3cm

1cm

8cm

* 태슬 만드는 법
① 끈으로 매듭을 만든다.
② 매듭지은 끈을 오른쪽으로 돌돌 말아준다.

②

①

소재	외피		라이트브라운 누벅 가죽
	내피		NS 피혁 베이지 돈피

제품명	태슬 스니커즈(tassel sneakers)
디자이너	Mr. Cha
작성인	Mr. Cha
작성일	2013-4-18
브랜드	NS SHOES
시즌	2013 s/s
타깃	20대 초반~20대 후반
라스트	NS 1303
힐	×
창	아이보리 몰드창
중창	NS 35-240
갑보	베이지 양가죽
월형	○
선심	○
까래	로고 불박
데코레이션	가죽 태슬
뗀가와	×
가보시	×
부자재	×

2 재단 공정

1 외피(원단) 및 내피 그리기 공정

 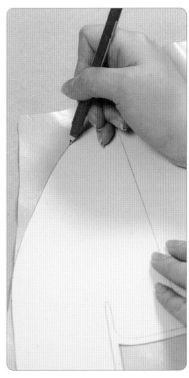

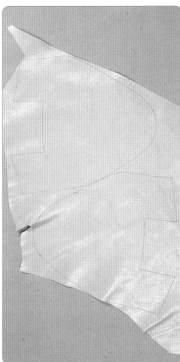 

외피 가죽에 재단 패턴을 올려놓고 은펜(또는 사인펜)으로 패턴의 외곽선을 그려준다. 이 경우 한쪽(좌)만 그려주는 것이기 때문에 다른 한쪽(우)은 패턴을 뒤집어서 같은 방법으로 외곽선을 그려주면 된다. 이때 재단 패턴은 실제 패턴보다 6mm 정도 띄어 만들어 주는데, 이는 제갑(갑피) 작업 시 접기 위한 간격을 주기 위해서이다.

접는 작업 과정이 없는 경우는 실제 패턴으로 재단하면 된다. 내피 가죽의 경우 하단은 1:1 패턴으로 그려주고 발등 부분은 상단만 10mm 살려 그려주는데, 그 이유는 외피 가죽과 내피 가죽 결합 후 홈 칼질을 하기 위한 간격이 필요하기 때문이다.

② 외피 및 내피 오리기 공정

 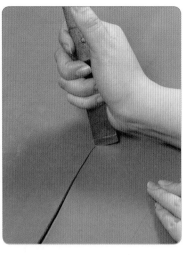 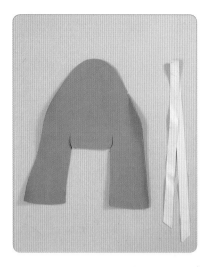

❶ 외피 가죽과 내피 가죽 외곽선을 따라 재단 칼이나 가위로 각각 재단한다. 대량으로 재단할 때는 철형을 만들어 프레스 재단을 주로 하고 소량일 때는 개인이 칼로 하나하나 재단하는 것이 일반적이다. 칼로 재단 시에는 정교하지만 시간이 많이 소요되고, 숙련되지 않으면 사고로 이어지기 때문에 주의해야 한다. 가위로 재단 시에는 숙련되지 않아도 재단할 수 있으며 칼로 재단하는 것보다 정교하지는 않지만 위험성은 낮다.

❷ 외피 가죽을 재단한 모습

③ 지활재 그리기 공정

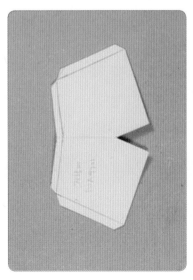 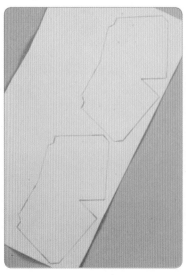 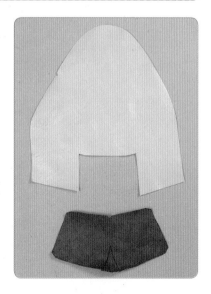

❶ 뒤축은 미끄럼을 방지하기 위해 지활재를 사용한다.

❷ 내피 및 지활재를 재단한 모습

3 갑피 공정

스니커즈 갑피 제작을 위한 준비물은 다음과 같다.

원자재인 외피 가죽, 내피 가죽, 패턴, 실(중복되는 준비물은 제외)

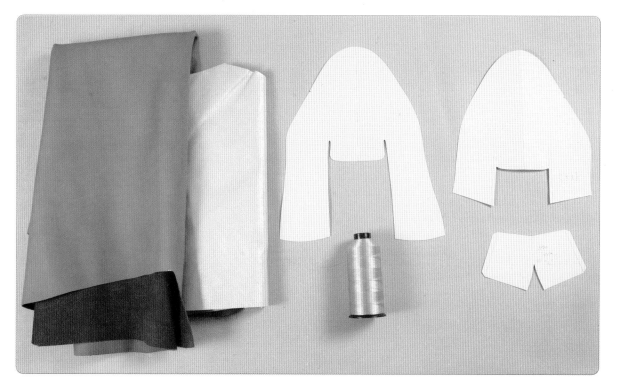

Tip 싸개 가죽은 대스끼(피할) 과정을 한 후 사용해야 한다. 그 이유는 최대한 얇은 가죽으로 만들어서 싸야 접착이 잘 되고 보기에도 좋기 때문이다. 싸개 가죽에는 중창싸개용, 굽싸개용 등이 있다.

❶ 외피 및 내피 스카이빙(피할) 공정

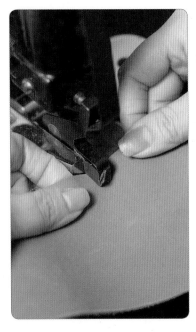

철자로 스카이빙 폭을 정확하게 파악한 후 재단된 외피 가죽을 스카이빙한다. 스카이빙 공정을 통해 외피 가죽의 가장자리를 접거나, 포개어 접음질하는 면과 면이 잘 맞아지게 하면 가죽 두께를 줄여 주어 미싱도 편하게 할 수 있으며 디자인상 자연스럽고 착화 시 압박을 줄여줄 수 있다. 외피 톱 라인 부분에서 뒷부분으로 이동해 가면서 스카이빙한다. 조립(저부) 공정에서 사용하는 중창싸개용, 굽싸개용 외피 가죽은 큰 스카이빙(대스끼)을 한 후 작업한다.

❷ 외피 및 내피 본드칠 공정

❶ 피할한 외피 가죽 뒷면에 도리테이프를 넣기 위해 2cm 정도 간격에 본드칠해 준다. 갑피 공정 시 접착용 본드로 스타본드(No. B5)가 주로 사용된다.

❷ 내피를 외피에 부착하기 위해 스타본드를 이용하여 안쪽 2cm 정도에 본드칠한다.

❸ 내피와 붙이기 위해 갑보(지활재)의 양쪽 끝 5mm 정도에 본드칠한다.

❸ 내피와 갑보(지활재) 연결 공정

 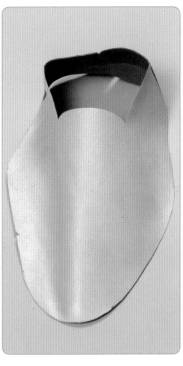

본드칠한 내피에 지활재를 붙여 준다. 지활재는 주로 돈피나 합성 원단(샤무드)을 사용한다.

❹ 외피 본드칠 공정

 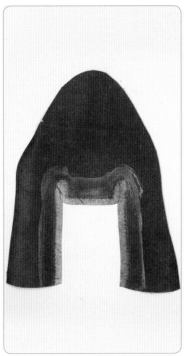

외피의 톱 라인과 바이어스용으로 자른 가죽에 스타본드를 이용하여 본드칠한다.

⑤ 외피 패턴 대고 그리기 공정

❶ 본드가 어느 정도 마른 상태에서 외피 패턴을 대고 은펜으로 외곽선을 그린다. 그리기 공정에서 중요한 점은 흔들리지 않도록 평평한 곳에서 작업을 해야 하는 것이다. 일반적으로 패턴과 가죽을 스테이플러로 고정한 후 그려준다.

펜은 항상 직선으로 잡고 그려주는 것이 좋다. 너무 기울여 그려주면 패턴 라인이 달라질 수 있다.

❷ 스카이빙을 하면서 갑피가 늘어날 수 있기 때문에 그려진 패턴에 맞춰서 남는 밑부분을 가위나 칼로 재단한다.

⑥ 외피 테이프 넣기 공정

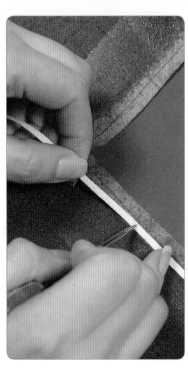
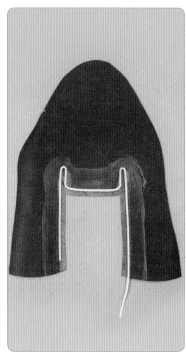

❶ 그리기 공정이 끝난 후 그린 선에서 1mm 정도 띄어서 3mm 도리테이프를 일정하게 붙인다. 도리테이프는 박음질할 때 힘이 들어가 견고하게 만들어 주고 디자인 선을 잡아주는 역할을 한다.

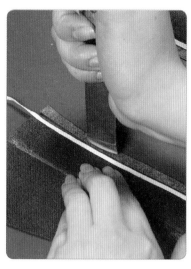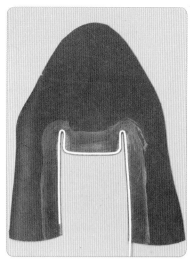

❷ 톱 라인(아구) 부분에 바이어스 처리를 하게 되므로 테이프를 붙이고 남은 바깥쪽 선을 깔끔하게 칼로 잘라낸다.

❸ 도리테이프 작업을 완성한 모습

7 외피 및 내피 박음질 공정

❶ 도리테이프를 두른 외피의 뒤축 부분을 박음질하여 연결한다. 이때 원단이 흔들리지 않도록 손으로 위아래를 잡고 박음질한다.

❷ 재봉틀로 연결된 내피와 지활재를 미리 본드로 붙여 놓은 부분을 고르게 박음질한다.

Tip 주의 사항 : 5mm 정도 박음질을 하고 다시 시작 부분에서 박음질을 아래로 해줘야 실이 풀어지지 않는다.

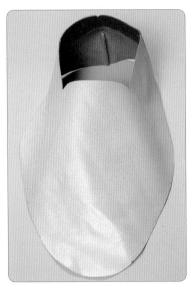 

❸ 내피 연결이 완성된 모습

⑧ 외피 뒤 보강테이프 붙이기 공정

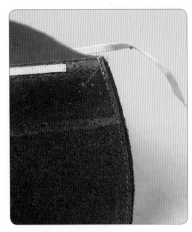 

❶ 외피의 박음질한 부분을 고르게 망치로 두들겨 준다. 이 작업은 보강테이프를 붙이기 전 박음선 부분을 한쪽으로 쏠리지 않게 평평하게 펴주기 위함이다.

 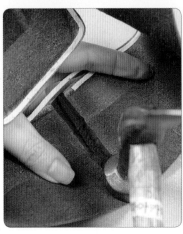

❷ 1cm의 보강테이프를 위에서 아래로 매끄럽게 붙여준다.
❸ 망치로 다시 한 번 눌러주어 보강테이프를 튼튼하게 고정시킨다.

❾ 외피 뒤 마무리 공정

 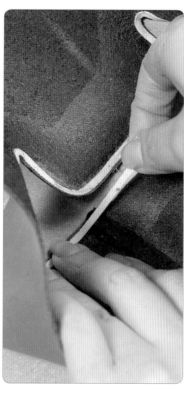

❶ 보강테이프 처리된 외피 뒷부분
끼리 연결하는 작업을 한다. 도리
테이프를 붙이지 않은 부분에 본
드칠을 한 후 마를 때까지 기다
린다.

❷ 보강테이프 위로 도리테이프를
붙여준다.

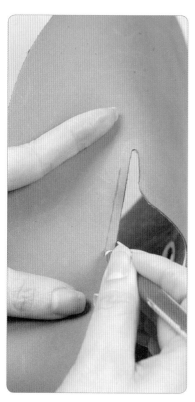 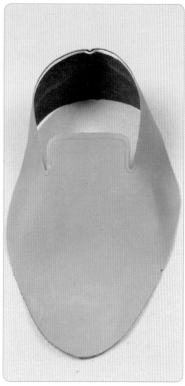

❸ 바이어스 가죽을 붙일 자리에 본
드칠을 하기 위해 톱 라인에서 일
정한 간격만큼 떨어져 펜으로 선
을 그린다.

⑩ 외피 본드칠 공정

 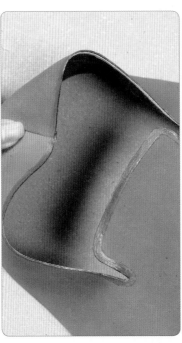

미리 그려 놓은 선을 넘어가지 않도록 유의하며 바이어스 가죽을 붙일 자리에 본드칠을 한다.

⑪ 바이어스 준비 공정

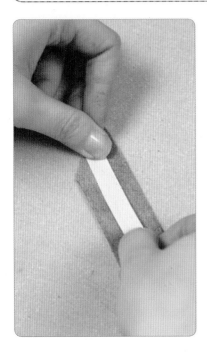  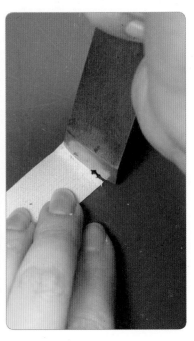

❶ 외피 바이어스 처리를 위해 도리테이프(폭 6mm)를 붙인다.

❷ 외피 끝부분을 칼로 잘라낸다.

⑫ 외피 바이어스 테이프 연결 공정

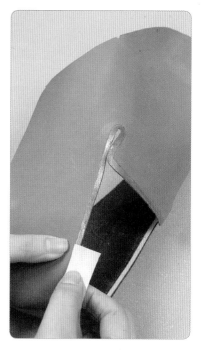

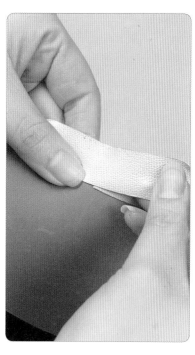

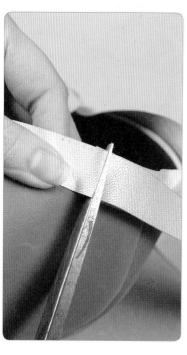

❶ 길게 재단해 놓은 바이어스 가죽을 이용하여 외피의 안쪽면부터 바이어스를 두르기 시작한다.

❷ 톱 라인을 한 바퀴 두른 후 시작한 부분과 맞댄다.

❸ 바이어스를 시작한 자리와 약간 겹치도록 여유를 두어 가위로 남은 부분을 자른다.

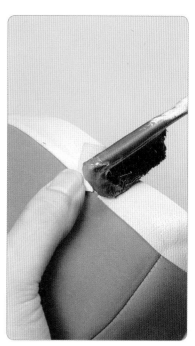

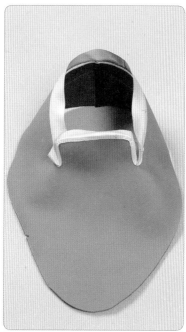

❹ 겹치는 부분을 본드로 발라 붙인다.

❺ 바이어스 하기 위해 가죽을 두른 모습

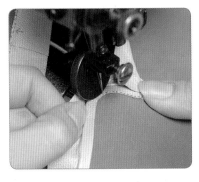

❻ 바이어스 테이프를 붙인 곳에 서 약 1mm 정도 띄어 박음질하 여 고정한다.

❼ 바이어스의 곡선 부분에 가위밥(칼금)을 준다. 그 이유는 톱 라인 곡선 부분에 자연스럽게 접히게 하기 위함이다.

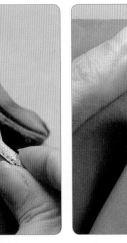
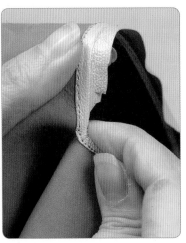
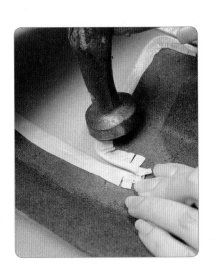

❽ 외피 안쪽으로 접음질하여 넘긴다.

❾ 망치로 두들기며 잘 부착시킨다.

⓭ 외피와 내피 붙이는 공정

❶ 각각 작업한 외피와 내피를 붙이는데 내피 가죽을 외피 가 죽 위에 10mm 정도 올라오게 하여 부착한다. 이때 외피가 울 지 않도록 부착해야 한다. 외피와 내피를 잘 부착하기 위해서 는 여러 번 밀어주고 당겨주면서 자리를 잡아주는 것이 중요 하다.

❷ 외피와 내피를 붙인 후 작업 지시서에 표시한 실로 박음질한다. 일반적으로 외피 색상과 어울리는 실(재실)로 박음질한다. 바이어스를 두른 선을 따라서 박음질하여 외피와 내피를 결합시켜 준다.

⑭ 내피 홈칼질 공정

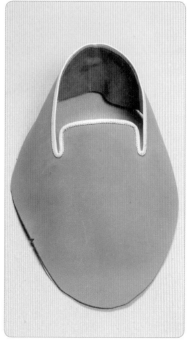

최종 재봉틀 작업을 한 후 내피의 남은 부분을 가위로 잘라낸다. 이런 홈칼질 작업을 현장에서는 이찌기리라고 한다. 주로 가위나 홈칼질용 칼을 사용하여 작업한다. 홈칼질 공정 작업을 할 때 가위를 비스듬히 눕히고 남은 가죽을 살짝 당기면 쉽게 작업할 수 있다.

⑮ 장식(태슬) 달기 공정

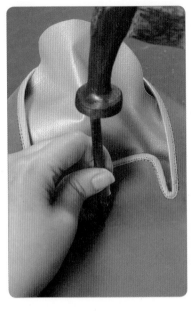

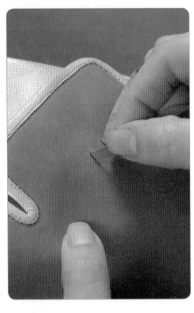

❶ 끈을 달기 위해 펀칭(누끼) 도 구를 이용하여 구멍을 2개 뚫 는다. 외피에 미리 표시해 둔 자리에 펀칭 도구를 올려놓고 망치로 내려치면 된다. 이때 내 피에는 구멍이 뚫리지 않도록 주의한다.

❷ 첫 번째 구멍을 통해 끈을 집 어넣는다.

❸ 옆의 구멍을 통해 끈을 다시 빼낸다.

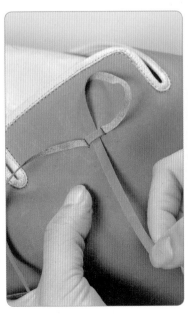

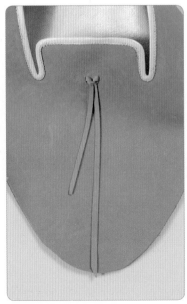

❹ 끈을 한 바퀴 돌려 매듭을 지어 고정시킨다.
❺ 끈이 고정된 모습

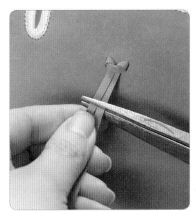 

⑥ 끈을 원하는 길이만큼 가위로 잘라낸다.

⑦ 태슬을 달기 위해 본드칠을 해준다.

⑧ 원하는 간격으로 일정하게 가죽을 잘라 사진과 같은 모양을 만든다. 이때 두꺼운 가죽을 사용하면 모양이 잘 나오지 않기 때문에 피할하여 얇게 만든 후 사용하는 것이 좋다.

⑨ 가죽 상단에 본드를 바른다. 말아져서 보이는 면은 바르지 않도록 유의한다.

⑩ 가죽 뒷면 상단에도 본드를 바른다.

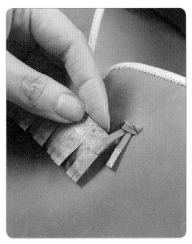 

⑪ 미리 본드칠 해 둔 끈에 태슬을 붙인다.

⑫ 돌돌 감아 태슬 모양을 만든다.

⑬ 외피의 안쪽 면에 테이프를 부착
하여 빠지지 않도록 고정시킨다.
⑭ 태슬이 완성된 모습

4 저부 공정

스니커즈 제작을 위한 저부(조립) 준비물은 다음과 같다.

완성된 제갑(갑피), 라스트, 중창, 창, 선심과 월형, 까래(중복되는 준비물 제외)

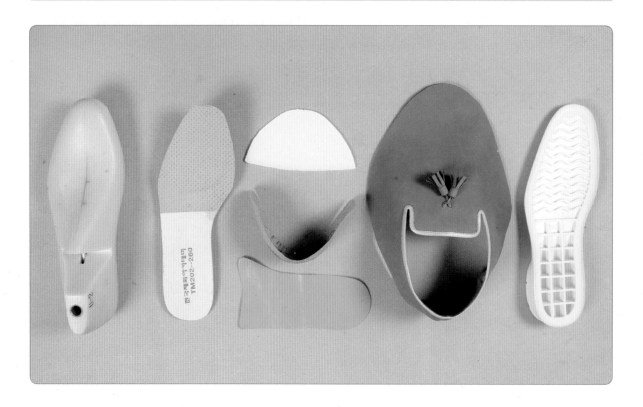

1 월형 삽입 공정

❶ 완성된 제갑(갑피)에 골씌움 작업을 쉽게 하기 위해서 연화제(소주)를 뿌려 가죽을 부드럽게 만들어 준다. 부드러운 양가죽일 경우에는 그냥 작업을 해도 무관하지만 딱딱한 소가죽의 경우 꼭 연화제를 뿌려주고 작업을 해야 한다.

❷ 월형을 삽입하기 위해서 윗부분을 중심으로 본드칠해 준다. 가죽과 월형에 모두 본드칠한다. 이때 사용하는 본드는 936 본드이다.

❸ 본드칠한 부분에 월형을 삽입한다. 이때 자신이 원하는 만큼의 크기로 월형을 만들어 준다.

❹ 안착된 월형에 다시 본드칠해 준다.

❺ 내피와 본드칠한 월형이 울지 않도록 잘 펴준다. 이때 월형의 형태를 유지하도록 김밥을 말아 주는 것처럼 감싸주면 잘 삽입된다.

❻ 본드칠한 월형의 끝부분과 가죽 앞부분을 당겨 월형이 안착될 수 있도록 만든다.

② 선심 삽입 공정

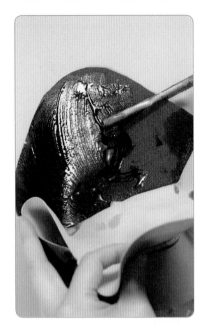

❶ 앞부분 외피와 내피 사이에 936 본드를 칠해준다. 선심 삽입을 하기 위한 첫 번째 단계이다.

❷ 선심을 토라인에서 1.5cm 정도 떨어진 부분에 안착해 준다.

❸ 안착된 선심에 다시 본드를 바른다.

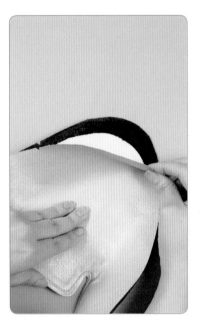

❹ 외피와 내피를 잘 맞추어 부착한다.

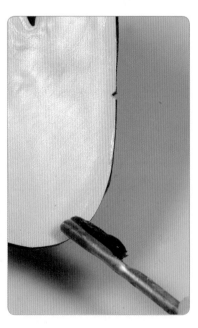

❺ 골씌움 작업을 위한 준비로 내피 안쪽 아랫부분에 본드칠해 준다.

❻ 앞부분 내피와 외피 사이에 선심을 삽입하여 완성한 모습

③ 골씌움(골싸기) 공정

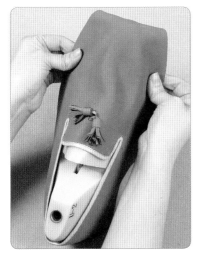

❶ 라스트에 갑피를 얹고 중심을 맞춘다.

❷ 첫 시작은 라스트 앞부분부터 골씌움(골싸기)을 하며, 고소리로 갑피 부분을 당겨주고 못을 박는다.

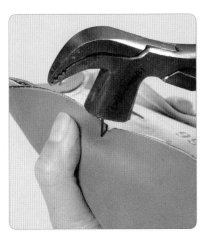
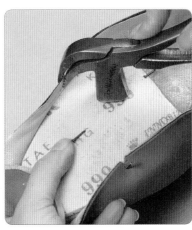

❸ 첫 번째 골씌움 못을 박아주고 중심을 맞추어 사진처럼 좌우로 못을 박으면서 골씌움을 한다. 이것이 2, 3번 중심 못 박기 작업이다.

❹ 뒤꿈치(뒤축 포인트 지점, 도쿠리) 부분에 못(금못)을 박는다. 이때 못을 재봉틀 선 밖으로 박게 되면 가죽이 손상되기 때문에 재봉틀 선 사이에 박아주어야 한다. 금못은 뒤꿈치 부분(4번 중심못)에만 사용한다.

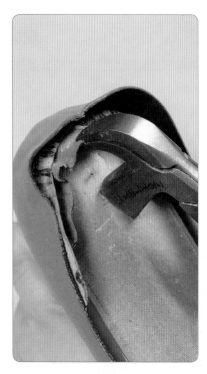 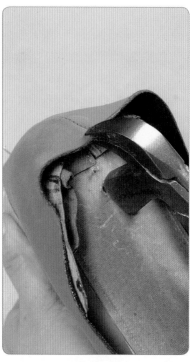 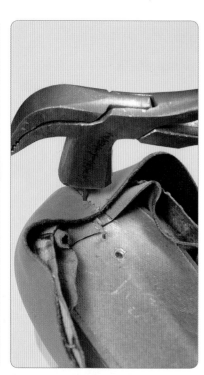

❺ 뒤꿈치 못을 박고 나서 아래 골밥 부분(5번 중심못)에 못을 박아준다.

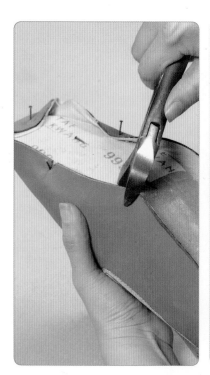  

❻ 4, 5번 못을 박고 나서 아치 부분에 좌우로 못을 박아준다. 이때 못은 좌우 발볼 위치로 박아주면 되는 데 대각선으로 당겨주면서 박아주어야 전체적으로 선이 아름답게 나온다. 여기까지가 6, 7번 중심 못 박 기 완성이다.

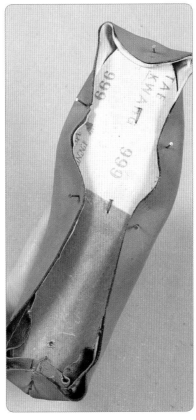
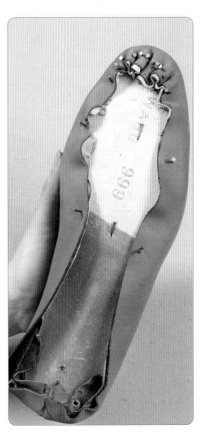

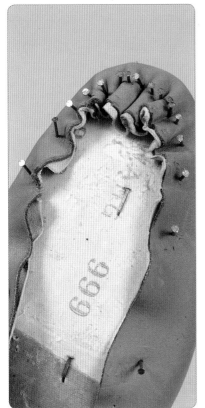

❼ 앞코 부분은 곡선 때문에 주름이 생겨 촘촘히 박아주어야 주름이 없어지므로 기본적인 중심잡기 골씌움이 끝나고 나면 다시 촘촘하게 못을 박아준다. 이때 한 땀 한 땀 당기면서 박아주고 다시 망치질 해 주어야 전체적으로 완성도가 높아진다.

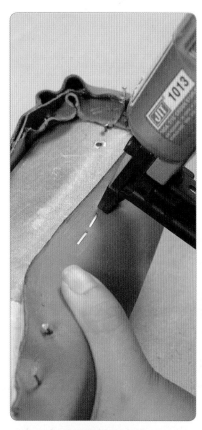

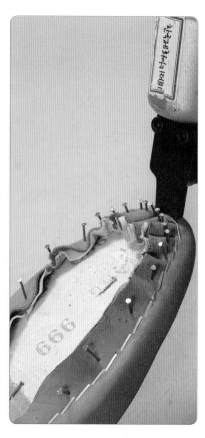
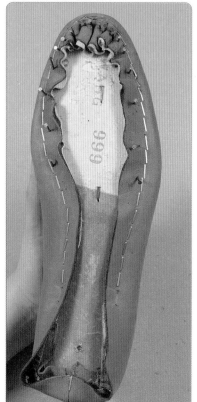

❽ 앞부분 골씌움이 완성된 후 중간 부분은 에어타카로 촘촘히 밀어주면서 박아주면 된다. 특히 라스트 안쪽은 자연스럽게 형태를 유지하면서 박아주고, 바깥쪽은 타카총을 밀어주면서 박는다.

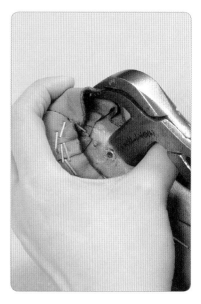 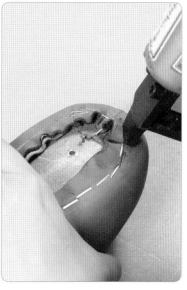 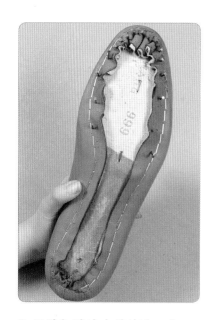

❾ 중간 부분이 끝난 후 뒷굽 부분도 촘촘하게 박아주면 골씌움 작업이 완성된다.

❿ 골씌움 작업이 완성된 모습

⓫ 골씌움 작업이 완료된 후 뒤꿈치에 있는 금못을 제거한다.

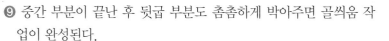

④ 건조 공정

골씌움 작업이 끝나고 나면 건조기(찜통)에 넣고 100℃에서 30분간 건조한다. 건조기에 구두가 들어간 후 작업자는 남는 시간에 굽싸기 공정과 창 본드칠하기 공정을 작업하면 된다.

5 건조 후 못 빼는 공정

건조되고 나온 구두의 못과 타카핀(스테이플러)을 모두 제거해 준다. 이때 라스트와 중창 덮기 작업을 했던 못도 모두 다 제거해 준다.

앞부분과 아치 부분에 있는 못과 타카핀은 모두 제거해야 하지만 굽자리 부분에 있는 못은 남겨 두어도 상관은 없다. 못을 제거할 때 방울집게나 송곳을 사용하여 작업하는데, 집게 방향은 바깥쪽에서 안쪽으로 하여 작업한다.

못을 제거하지 않으면 탈골 후 못이 나와 착화 시 큰 사고가 발생할 수 있다.

6 창 접착 공정

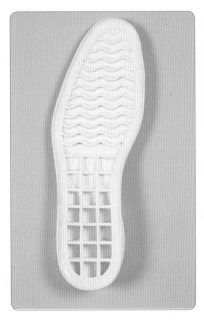
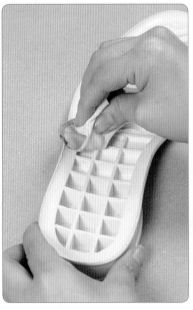
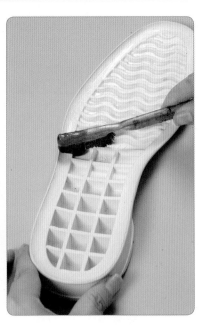

창 접착을 위해서는 보관되어 있는 창을 세척해야 한다. 세척이 끝난 후 936 본드를 사용하여 안에서 밖으로 본드칠한다. 안에서 밖으로 발라주는 이유는 창 옆면에 본드가 묻지 않도록 하기 위해서이다.

7 연마 공정

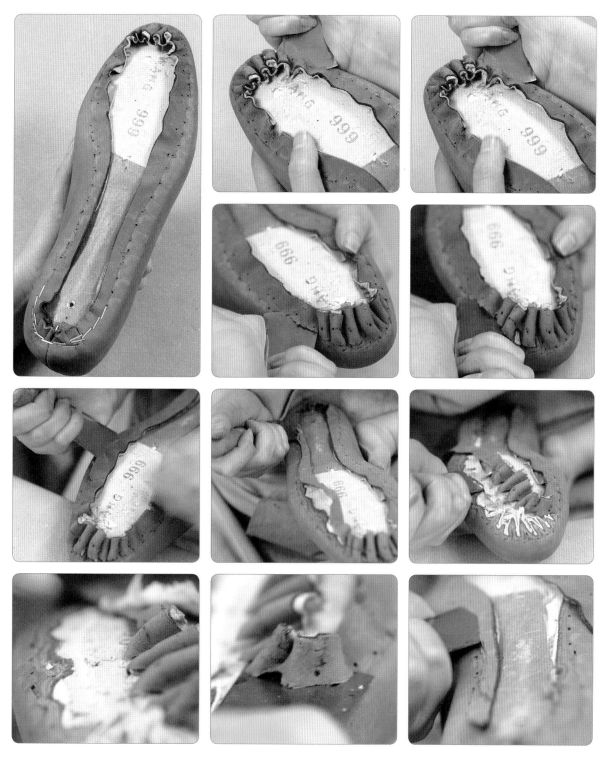

❶ 연마 공정은 창과 골씌움 한 라스트를 붙이기 위한 공정이다. 이때 중창 부분이 잘려나가지 않도록 조심
   해야 한다. 칼로 주름 잡힌 부분과 두꺼운 부분을 제거해 준다.

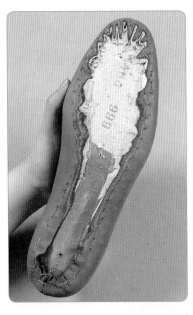 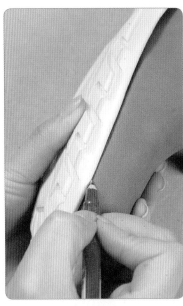

❷ 칼로 주름과 두꺼운 부분을 제
　거한 모습

❸ 라스트 바닥에 창을 대고 은펜
　을 이용하여 창 라인을 그려준다.

Tip 연마 기계로 연마하기 전에 저부용
　칼로 울퉁불퉁한 면을 다듬어 준다.

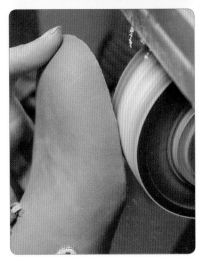

❹ 연마 기계를 사용하여 전체적으로 고르게 만들어 준다. 이 작업을
통해 바닥창이 잘 붙고 평평하게 만들어져 착화감도 좋아지게 된
다. 대형 연마 기계 사용이 어려운 작업자는 저부용 칼이나 소형 연
마기를 통해 작업하면 된다. 이때 그려준 창 라인을 넘지 않도록 주
의해야 한다.

⑧ 바닥면 본드칠하기 공정

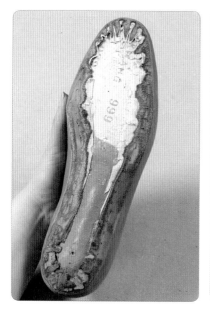  

　연마한 바닥 표면에 창을 붙이기 위해서 936 본드를 칠하는 작업이다. 이때 너무 많이 본드칠을 하여 옆면에 나오지 않도록 조심해야 한다. 연마하고 초벌 본드칠 후 가운데 비어 있는 부분을 속메움 천으로 채우고 다시 한 번 전체적으로 본드칠한다. 속메움은 가죽이나 천, 스펀지 등 어떤 것을 사용해도 무방하다. 속메움을 하는 이유는 바닥면에 골씌움을 하고 나면 비어 있는 공간이 생기게 되는데, 이 비어 있는 공간을 메워주지 않으면 창이 잘 부착되지 않으며 평평하지 않아 착용 시 불편한 느낌을 주기 때문이다.

⑨ 창 붙이는 공정

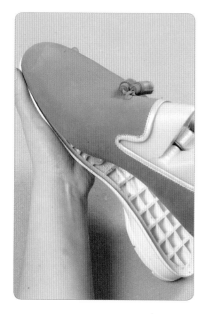 

❶ 이번 스니커즈 창은 굽과 창이 일체형이기 때문에 1:1로 바닥면과 창을 붙이면 된다. 먼저 앞부분부터 진행하는데, 바닥창을 라스트 밑에 놓은 후 손으로 누르면서 붙인다.

❷ 그 다음 뒷부분을 맞추어 손으로 누르면서 붙인다.

❸ 이렇게 붙인 창과 바닥면을 망치로 밀어주면서 접착시킨다.

❹ 본드가 묻었거나 오염된 부분을 솔로 지워준다.

⑩ 라스트 분리(탈골) 공정

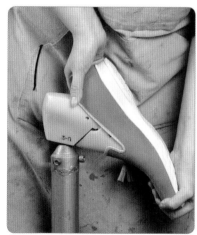
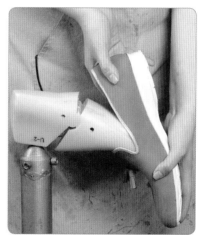

이 작업은 골빼기 작업이라고 하는데, 이 작업 시 뒷부분과 앞부분에 힘을 가하여 분리하면 구두 형태에 손상을 줄 수 있기 때문에 주의해서 작업해야 한다. 최대한 천천히 밀착했던 공기가 빠져나올 수 있도록 조심해서 분리한다.

⑪ 화인(불박) 및 까래(브랜드) 붙이기 공정

❶ 브랜드 네임을 붙이기 위해서 가열한 기계에 준비한 까래를 올리고 1~2초 정도 찍어주면 된다.

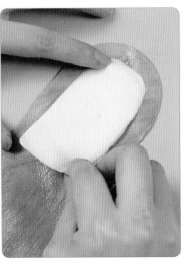

❷ 스니커즈 까래는 중창과 1:1 까래가 아닌 반까래로 제작한 다음 까래 뒷면에 스타본드를 안에서 밖으로 칠해준다. 그 위에 쿠션 (스펀지)을 놓고 다시 본드칠해 준다. 이때 쿠션은 좌우 및 밑에서 10~15mm 떨어진 위치에 붙인다.

❸ 내피에 본드가 묻지 않도록 주 의하며 까래를 붙인다.

⑫ 최종 제품 완성

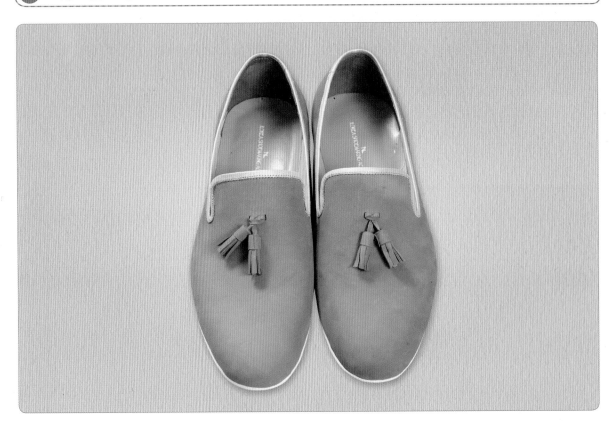

Chapter

7

앵클 부츠
ankle boots

디자인 공정	재단 공정	갑피 공정	저부 공정
아이디어 스케치	스카이빙(대스끼) 공정	외피 및 내피 스카이빙(피할) 공정	제갑(갑피) 가죽 연화 공정
소재 선정 (소재 컬러 맵)	가죽 성형(하리) 공정	외피 및 내피 본드칠 공정	중창 본드칠 공정
라스트 토 선정	외피(원단) 그리기 공정	내피 연결 공정	월형 삽입 공정
스케치	내피 그리기 공정	내피와 갑보(지활재) 연결 공정	선심 삽입 공정
최종 디자인	외피 및 내피 오리기 공정	외피 패턴 대고 그리기 공정	골씌움(골싸기) 공정
작업 지시서		외피 테이프 넣기 공정	건조 공정
		외피 칼금 넣기 공정	굽싸기 공정
		외피 접음질 공정	창 본드칠 공정
		외피 박음질 공정	건조 후 못 빼는 공정
		외피 보강 테이프 붙이기 공정	연마 공정
		마무리 접음질 공정	창 붙이는 공정
		외피 연결 공정	굽과 창을 붙이는 공정
		외피 박음질 공정	창 따내기 공정
		지퍼 장식 만들기 공정	라스트 분리(탈골) 공정
		지퍼 부착 공정	굽 못 박는 공정
		외피 및 내피 본드칠 공정	까래(브랜드) 붙이기 공정
		지퍼 본드칠 공정	최종 제품 완성
		외피와 내피 결합하는 공정	
		내피 홈칼질 공정	
		최종 갑피 완성	

ankle
boots
making
process

1 디자인 공정

1 아이디어 스케치

② 소재 선정(소재 컬러 맵)

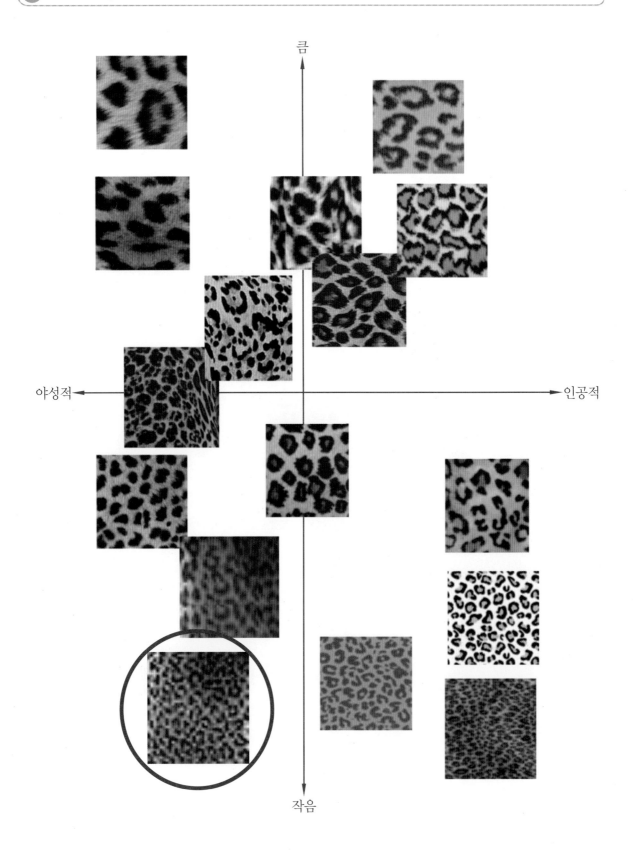

③ 라스트 토 선정

① 둥근 토(round toe)와 포인트 토(point toe)가 디자인과 잘 매치되는지 비교해 본다.
② 청키가 아닌 둥근 토로 진행한다.

④ 스케치

⑤ 최종 디자인

⑥ 작업 지시서

2.5cm 7cm
골드 징
외피 2
외피 1
9cm
안쪽 바깥쪽

소재	외피 1		NS 피혁 브라운 레오파드
	외피 2		NS 피혁 블랙 에나멜
	내피		NS 피혁 베이지 돈피

제품명	레오파드 앵클 부츠(leopard ankle boots)
디자이너	Mr. Cha
작성인	Mr. Cha
작성일	2013-4-18
브랜드	NS SHOES
시즌	2013 s/s
타깃	20대 초반~20대 후반
라스트	NS 1308
힐	NS 73509
창	블랙 판창
중창	NS 35-240
갑보	베이지 양가죽
월형	○
선심	○
까래	로고 볼박
데코레이션	×
뗀가와	NS 73509 블랙
가보시	속가보시 1.5cm
부자재	블랙 지퍼 0.8cm

2 재단 공정

1 스카이빙(대스끼) 공정

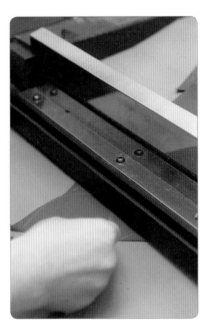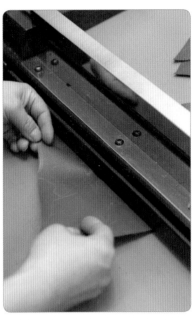

　싸개 가죽은 대스끼(피할) 과정 후 사용해야 한다. 그 이유는 최대한 얇은 가죽으로 만들어서 싸야 접착이 잘 되고 보기에도 좋기 때문이다. 주로 중창싸개, 굽싸개 가죽을 말한다. 이외에도 가죽이 너무 두꺼운 경우는 대스끼 과정을 통해 원하는 가죽 두께를 만든 후 사용한다.

2 가죽 성형(하리) 공정

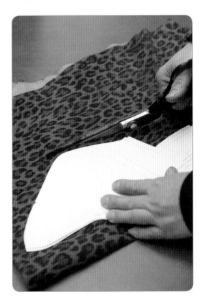

❶ 하리는 라스트의 발등에서 발목으로 올라가는 곡선에 재봉틀이 지나가는 선을 없애고 시각적인 부분을 돋보이게 하기 위해서 인위적으로 가죽을 성형하는 과정을 말한다.

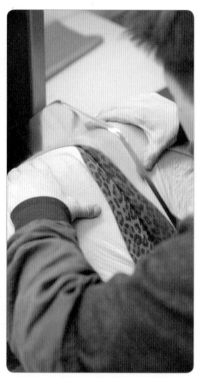

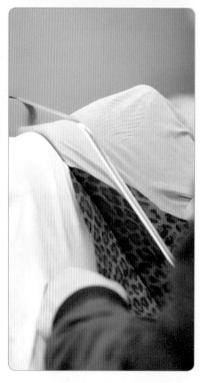

❷ 하리할 때는 가죽이 발등에 잘 부착되도록 늘어나는 방향으로 작업하면 된다. 이때, 가죽이 손상되지 않도록 적정 온도에서 작업을 한다.

Tip▶ 주의사항
❶ 하리 작업 하기 전에 연화제를 뿌려서 가죽을 부드럽게 만들어 준다. (주로 연화제는 알코올 50 : 물 50)
❷ 일반적으로 가죽을 선택할 때 윤기 없는 가죽은 피하는 것이 좋다.
❸ 하리 작업은 발등에서 발목 위로 올라가는 구두의 디자인에 적용된다.

❸ 하리 과정을 한 가죽 위에 하리 패턴을 놓고 발등 곡선이 디자인 의도대로 나왔는지 확인한다.

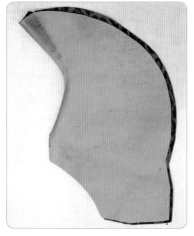
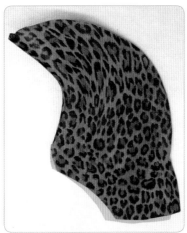

❸ 외피(원단) 그리기 공정

외피와 하리
패턴을 동일 선상에
두는 것이 중요하다.

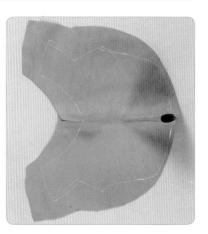

외피 가죽에 재단 패턴을 올려놓고 은펜(또는 사인펜)으로 패턴의 외곽선을 그려준다. 이 경우 한쪽(좌)만 그려주는 것이기 때문에 다른 한쪽(우)은 패턴을 뒤집어서 같은 방법으로 외곽선을 그려주면 된다. 이때 재단 패턴은 실제 패턴보다 6mm 정도 띄어 만들어 주는데, 이는 제갑(갑피) 작업 시 접기 위한 간격을 주기 위해서이다.

④ 내피 그리기 공정

내피 가죽의 경우 하단은 1:1 패턴으로 그려주고 발등 부분은 상단만 10mm 살려 그려주는데, 그 이유는 외피와 내피 결합 후 홈 칼질을 하기 위한 간격이 필요하기 때문이다.

⑤ 외피 및 내피 오리기 공정

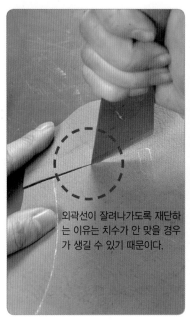

외곽선이 잘려나가도록 재단하는 이유는 치수가 안 맞을 경우가 생길 수 있기 때문이다.

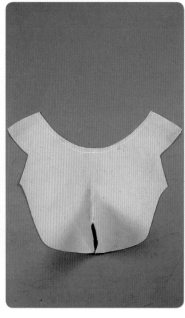

❶ 외피 가죽 외곽선을 따라 재단 칼이나 가위로 각각 재단한다. 대량으로 재단할 때는 철형을 만들어 프레스 재단을 주로 하고 소량일 때는 개인이 칼로 하나하나 재단하는 것이 일반적이다. 칼로 재단 시에는 정교하지만 시간이 많이 소요되고, 숙련되지 않으면 사고로 이어지기 때문에 주의해야 한다. 가위로 재단 시에는 숙련되지 않아도 재단할 수 있으며 칼로 재단하는 것보다 정교하지는 않지만 위험성은 낮다.

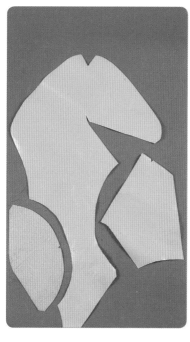

❷ 내피 가죽 외곽선을 따라 재단
칼이나 가위로 각각 재단한다.

❸ 내피 가죽을 재단한 모습

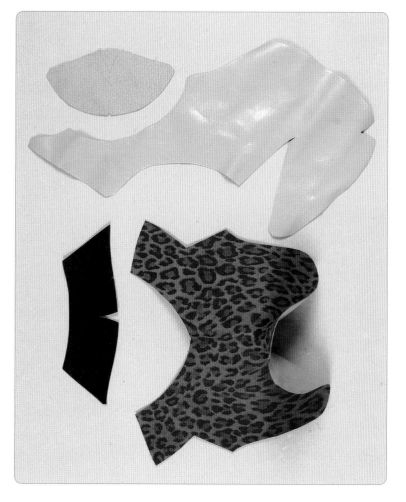

❹ 외피 및 내피 가죽을 재단한 모습

3 갑피 공정

부츠 갑피 제작을 위한 준비물은 다음과 같다.

원자재인 외피 가죽, 내피 가죽, 패턴, 실(중복되는 준비물은 제외)

Tip 싸개 가죽은 대스끼(피할) 과정을 한 후 사용해야 한다. 그 이유는 최대한 얇은 가죽으로 만들어서 싸야 접착이 잘 되고 보기에도 좋기 때문이다. 싸개 가죽에는 중창싸개용, 굽싸개용 등이 있다.

① 외피 및 내피 스카이빙(피할) 공정

철자로 스카이빙 폭(접음질할 수 있는 공간의 두 배)을 정확하게 파악한 후 포개지는 부분을 스카이빙한다. 스카이빙 공정을 통해 가죽의 가장자리를 접거나 포개어 접음질하는 면과 면이 잘 맞아지게 하면 가죽 두께를 줄여주어 재봉틀도 편하게 사용할 수 있으며 디자인상 자연스럽고 착화 시 압박을 줄여줄 수 있다.

② 외피 및 내피 본드칠 공정

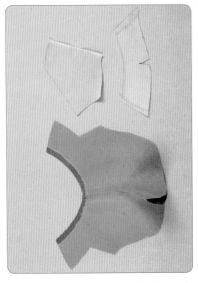  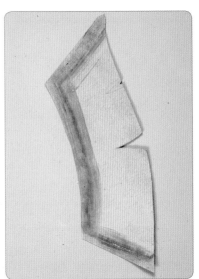

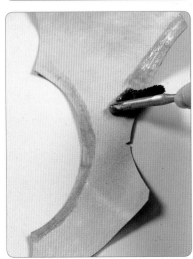 

❶ 피할한 외피와 내피, 지활재 등 연결되는 부위 뒷면에 2cm 정도 간격으로 본드칠해 준다. 갑피 공정 시 접착용 본드로 스타본드(No. B5)가 주로 사용된다.

❷ 외피 및 내피에 본드칠이 완성된 모습

③ 내피 연결 공정

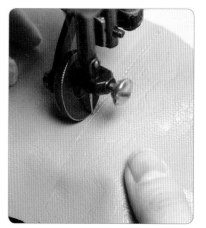

먼저 분리되어 있는 내피를 연결한다.

④ 내피와 갑보(지활재) 연결 공정

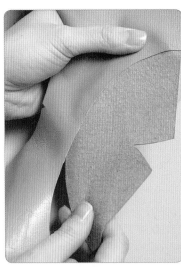

❶ 본드칠한 내피와 지활재(갑부)를 붙인다. 지활재는 주로 돈피나 합성 원단(샤무드)을 사용한다.

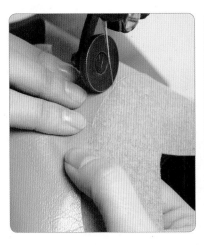

❷ 재봉틀로 연결된 내피와 지활재를 미리 본드로 붙여 놓은 부분을 고르게 박음질한다. 지활재의 아래쪽도 박음질한다.

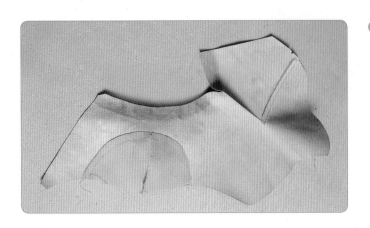

❸ 내피와 지활재가 연결된 모습

❹ 박음질로 연결된 부위를 망치로 두드려 평평하게(안쪽으로 쏠리지 않게) 만들어 준다.

---

❺ 외피 패턴 대고 그리기 공정

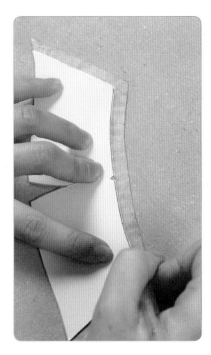
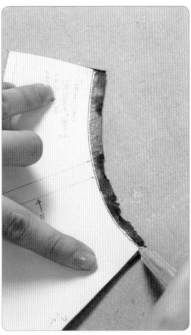
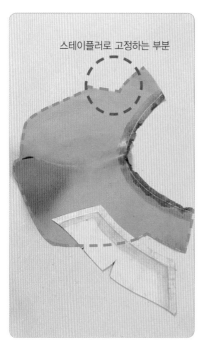

본드가 어느 정도 마른 상태에서 외피 패턴을 대고 은펜으로 외곽선을 그린다. 그리기 공정에서 중요한 점은 흔들리지 않도록 평평한 곳에서 작업을 해야 하는 것이다. 일반적으로 패턴과 가죽을 스테이플러로 고정한 후 그려준다.

6 외피 테이프 넣기 공정

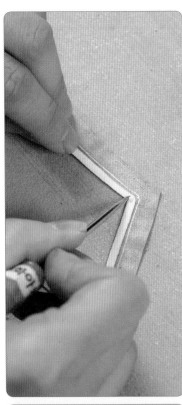

❶ 그리기 공정이 끝난 후 그린 선에서 1mm 정도 띄어서 3mm 도리테이프를 일정하게 붙인다. 도리테이프는 박음질할 때 힘이 들어가 가죽이 늘어나지 않도록 견고하게 만들어 주고 디자인 선을 잡아주는 역할을 한다.

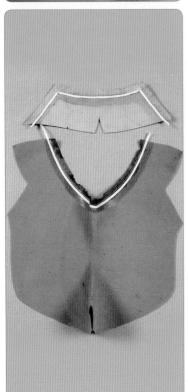

❷ 도리테이프 작업이 완성된 모습
❸ 망치로 두들기며 테이프를 고정시킨다.

7 외피 칼금 넣기 공정

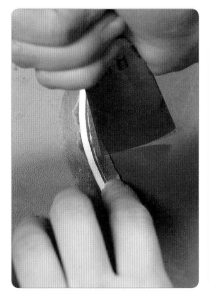 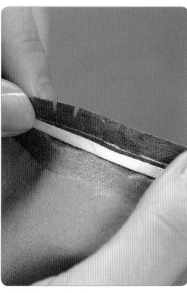 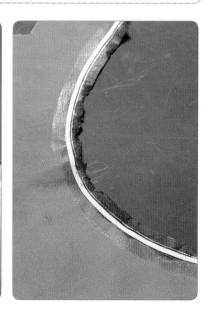

외피에 도리테이프를 붙인 후 접음질을 위해 갑피용 칼로 3mm 정도 떨어진 위치에 칼금을 주며, 칼금 간격은 2mm 정도로 한다.

칼금 작업이 없이 접음질하면 접음질이 고르게 되지 않고 패턴이 곡선 부분일 경우 접음질이 잘 되지 않기 때문에 필수로 해야 한다. 이때 칼의 뒷부위가 축이 되어 앞에서 뒤로 칼금 작업을 한다.

8 외피 접음질 공정

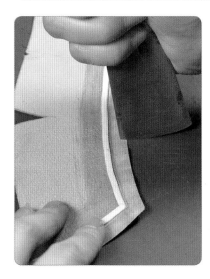 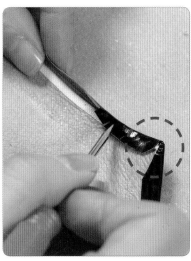 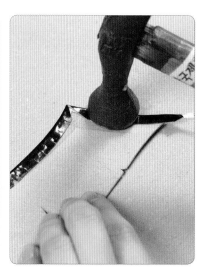

❶ 칼금 공정이 끝난 후 송곳이나 손으로 접는 여분을 접으면서 망치로 가볍게 눌러준다. 접음질 할 때에는 가죽의 테이프 부착 라인에 왼손 검지를 밀착하여 넘겨가며 부착한다. 이때 접는 여분이 깨끗하게 부착되고 주름이 생기지 않도록 주의해야 한다(의뢰한 디자인 선이 살아 있도록 제작하는것이 중요하다).

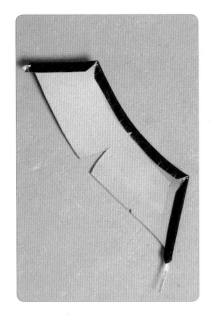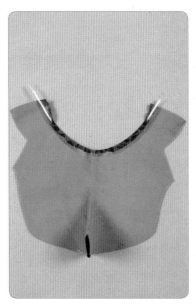

❷ 접음질 공정이 완성된 모습

❸ 송곳이나 손으로 접는 여분을 접으면서 망치로 가볍게 눌러준다. 접음질 할 때에는 가죽의 테이프 부착 라인에 왼손 검지를 밀착하여 넘겨가며 부착한다. 이때 접는 여분이 깨끗하게 부착되고 주름이 생기지 않도록 주의해야 한다. 뒤축 부분의 경우 외피끼리 박음질을 먼저 해야 하기 때문에 끝 3~4cm 정도는 접음질하지 않는다.

9 외피 박음질 공정

❶ 접음질한 외피의 뒤축 부분을 박음질하여 연결한다. 이때 원단이 흔들리지 않도록 손으로 위아래를 잡고 박음질한다.

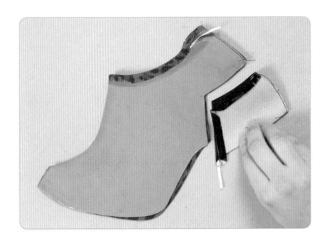

❷ 뒤축을 박음질한 모습

⑩ 외피 보강테이프 붙이기 공정

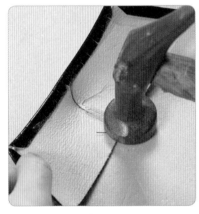 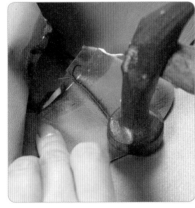 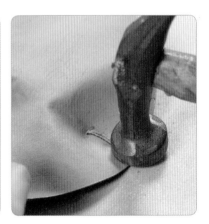

❶ 외피의 박음질한 부분을 고르게 망치로 두들겨 평평하게 만든다.

 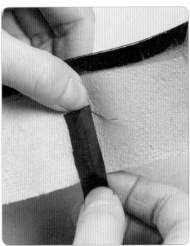 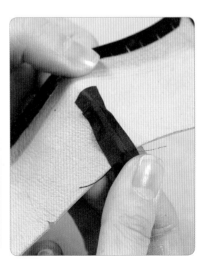

❷ 1cm의 보강테이프를 위에서 아래로 매끄럽게 붙여준다.

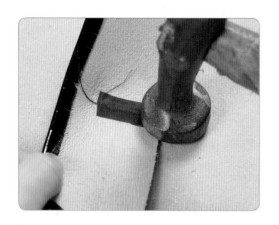

❸ 보강테이프를 튼튼하게 고정시키기 위해 망치로 다시 한
   번 눌러준다 .

⑪ 마무리 접음질 공정

❶ 보강테이프 처리된 외피 뒷부분
   끼리 연결하는 작업을 한다. 위쪽
   접음질을 하지 않은 부분에 본드
   칠을 한 다음 마를 때까지 기다
   린다.

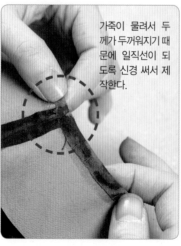

가죽이 물려서 두
께가 두꺼워지기 때
문에 일직선이 되
도록 신경 써서 제
작한다.

❷ 보강테이프 처리된 외피 뒷부분을 접음질하여 연결한다. 1차 접
   음질과 보강테이프 작업이 끝난 후 2차 접음질을 할 때 일정하게
   접어야 한다.

❸ 망치로 두들겨 접음선을 잘 붙
   여준다.

⑫ 외피 연결 공정

❶ 배색 작업할 뒤축 가죽과 외피를 연결하기 위해 가장자리에 본드칠한다.

❷ 외피 패턴을 대고 은펜으로 점을 찍어 붙일 자리를 표시한다.

❸ 배색 가죽을 붙일 부분이 표시된 모습

❹ 표시한 선을 넘어가지 않도록 주의하며 외피에 본드칠한다.

❺ 배색 작업을 하는 뒤축 가죽을 붙인다.

❻ 외피에 배색 가죽을 붙인 모습

Tip ▶ 부착할 때 본드가 새어 나오지 않도록 충분히 본드를 말려서 작업한다.

⑬ 외피 박음질 공정

❶ 부착한 뒤꿈치 부분에서 1.5mm 정도 떨어진 위치를 고르게 박음질한다.

❷ 외피 박음질이 완성된 모습

⑭ 지퍼 장식 만들기 공정

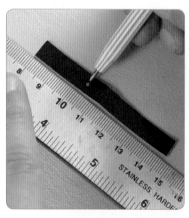

❶ 지퍼를 편하게 열고 닫기 위해 가죽으로 지퍼 장식을 만든다. 이때 구멍 뚫을 위치를 은펜으로 표시한다.

❷ 표시된 자리에 펀칭 도구를 놓고 망치로 내려쳐 구멍을 낸다.

❸ 구멍이 뚫린 곳에 아일릿을 끼워 가죽 장식을 고정한다.

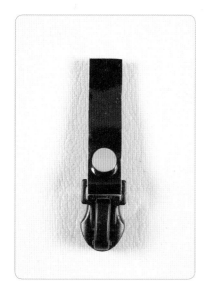

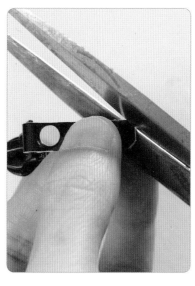

④ 지퍼 장식에 아일릿을 부착한 모습

⑤ 디자인에 따라 끝부분을 가위로 살짝 잘라 모양을 내준다.

⑥ 지퍼 장식이 완성된 모습

⑮ 지퍼 부착 공정

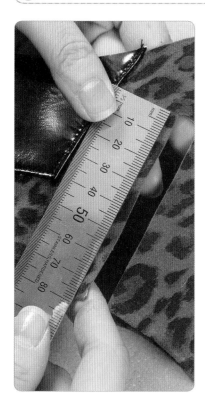

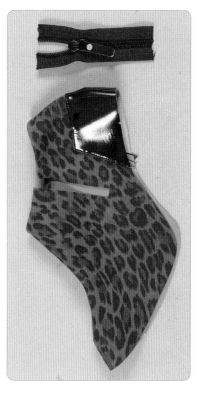

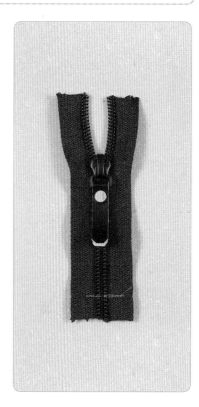

❶ 부착할 지퍼의 길이와 폭에 맞춰 외피 가죽에 홈을 파준다.

❷ 외피와 지퍼를 준비한다.

❸ 준비된 지퍼 시작 부분에 표시를 해둔다.

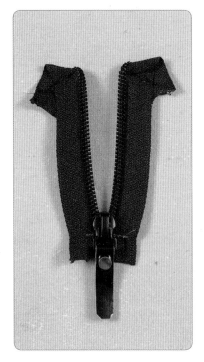

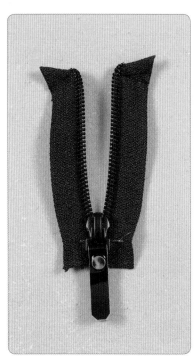

❹ 지퍼의 윗부분을 접어 지퍼가 빠지지 않도록 한다.

❺ 접은 부분의 여유분을 가위로 잘라준다.

❻ 외피와 결합하기 위하여 지퍼의 옆부분에 본드칠을 한다.

지퍼 끝이 접은 선에서 조금 내려오도록 하는 이유는 재봉틀 작업을 할 때 밑부분을 고정하기 위함이다.

❼ 지퍼에 본드칠을 한 모습

❽ 지퍼와 결합할 외피의 안쪽 부분에 본드칠을 한다.

❾ 지퍼의 끝과 외피의 끝을 맞춰 붙인다.

⑩ 지퍼가 울거나 걸리지 않도록 주의하면서 외피로 지퍼를 감싸 붙인다.
⑪ 지퍼가 잘 열리고 닫히는지 확인한다.

⑯ 외피 및 내피 본드칠 공정

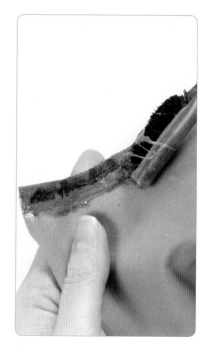 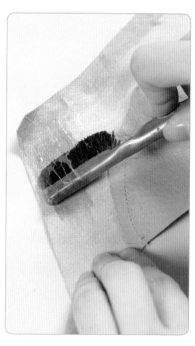 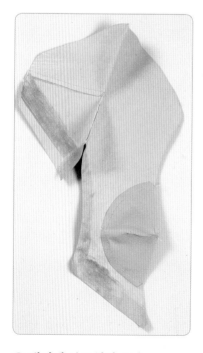

❶ 내피와 연결하기 위하여 외피의 톱 라인 부분에 스타본드를 이용하여 본드칠한다.

❷ 내피도 외피와 연결할 부위에 본드칠한다.

❸ 내피에 본드칠한 모습

17 지퍼 본드칠 공정

❶ 외피와 결합한 지퍼의 안쪽 부분에 본드칠한다.

❷ 지퍼의 안쪽 면에 본드칠한 모습

18 외피와 내피 결합하는 공정

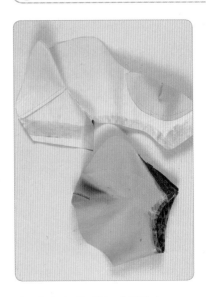  

❶ 외피와 내피를 결합한다.

❷ 내피 가죽을 외피 가죽 위에 10mm 정도 올라오게 하여 부착한다. 이때 외피가 울지 않도록 부착해야 한다. 외피와 내피를 잘 부착하기 위해서는 여러 번 밀어주고 당겨주면서 자리를 잡아주는 것이 중요하다.

❸ 외피와 내피를 결합한 모습

❹ 외피와 지퍼, 내피를 붙인 후 지퍼 옆선을 따라 작업 지시서에 표시한 실로 박음질한다. 일반적으로 외피 색상과 어울리는 실(재실)로 박음질해 준다.

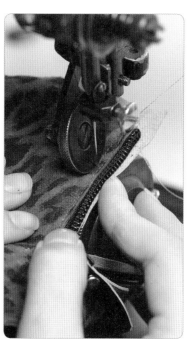
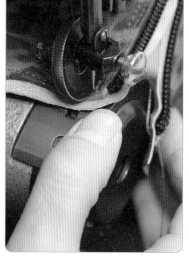

❺ 외피의 톱 라인(아구 라인) 역시 박음질한다. 이때 접음질한 선에서 1.5mm 떨어진 곳에 박음질한다.

❻ 톱 라인을 따라 박음질을 한 후 지퍼 라인을 따라 다시 한 번 박음질해 주어 지퍼를 튼튼하게 고정한다.

19 내피 홈칼질 공정

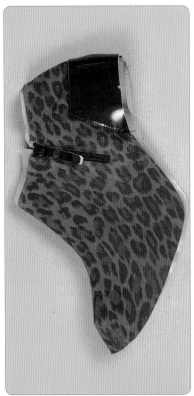
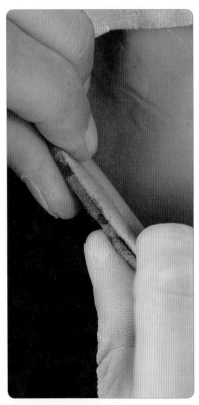

최종 재봉틀 작업을 한 후 내피의 남은 부분을 가위로 잘라 낸다. 이런 홈칼질 작업을 현장에서는 이찌기리라고 한다. 주로 가위나 홈칼질용 칼을 사용하여 작업한다. 홈칼질 공정 작업을 할 때 가위를 비스듬히 눕히고 남은 가죽을 살짝 당기면 쉽게 작업할 수 있다.

외피 가죽이 상하지 않게 위에서 작업한다.

⑳ 최종 갑피 완성

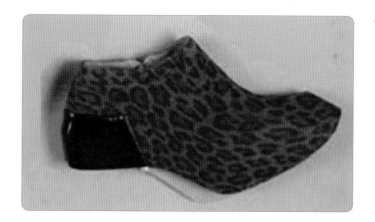

앵클 부츠 제갑(갑피) 작업이 완성된 모습

4 저부 공정

앵클 부츠 제작을 위한 저부(조립) 준비물은 다음과 같다.

완성된 제갑(갑피), 라스트, 중창, 창, 선심, 월형, 까래 스펀지, 까래, 굽, 속메움 천, 굽싸개 가죽(중복되는 준비물 제외)

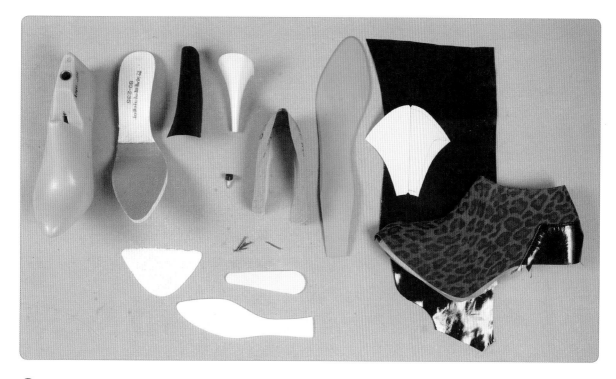

Tip 부츠 라스트가 없을 경우 일반 라스트에 발등 보조대와 뒷굽 보조대를 부착하여 사용한다.

1 제갑(갑피) 가죽 연화 공정

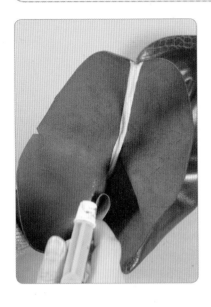

완성된 제갑(갑피)에 골씌움 작업을 쉽게 하기 위해서 연화제(소주)를 뿌려 가죽을 부드럽게 만들어 준다. 부드러운 양가죽일 경우에는 그냥 작업을 해도 무관하지만 딱딱한 소가죽의 경우 꼭 연화제를 뿌려주고 작업을 해야 한다.

2 중창 본드칠 공정

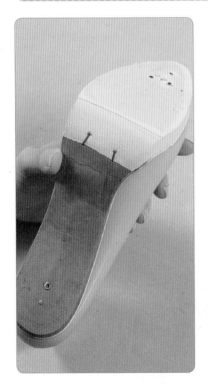

❶ 라스트에 중창을 고정하여 준비한다.

❷ 라스트에 중창 덮기가 완성되면 전체적으로 본드칠해 준다. 주로 936 본드를 사용한다.

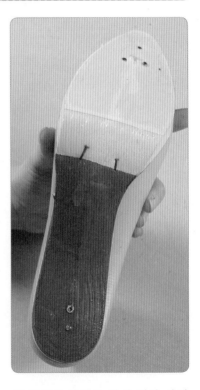

❸ 골씌움 작업을 하기 위한 사전 작업이 완성된 모습

❸ 월형 삽입 공정

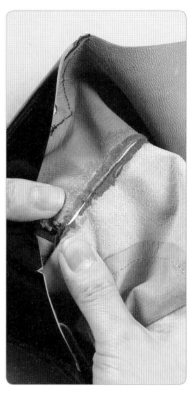
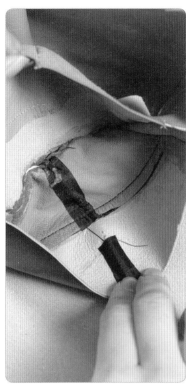

❶ 월형을 삽입하기 위해서 외피와 내피 사이를 벌린다.

❷ 월형을 삽입하기 위해서 윗부분을 중심으로 본드칠해 준다. 이때 사용하는 본드는 936 본드이다.

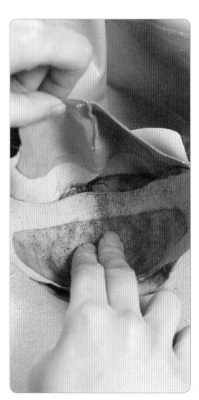

❸ 본드칠한 부분에 월형을 삽입한다. 이때 자신이 원하는 만큼의 크기로 월형을 만들어 준다.

❹ 월형이 삽입된 모습

❺ 안착된 월형에 다시 본드칠해 준다.

❻ 내피와 본드칠한 월형이 울지 않도록 잘 펴준다. 이때 월형의 형태를 유지하도록 김밥을 말아 주는 것처럼 감싸주면 잘 삽입 된다.

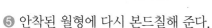

④ 선심 삽입 공정

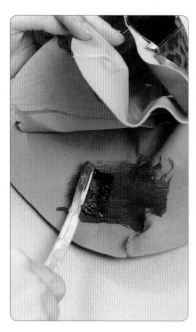

❶ 앞부분 외피와 내피 사이에 본드 칠을 해 준다. (사용하는 본드는 936 본드이다.) 선심 삽입을 하기 위한 첫 번째 단계이다.

❷ 선심을 끝라인에서 1.5cm 정도 떨어진 부분에 안착해 준다.

❸ 안착된 선심에 다시 본드를 바른다.

❹ 앞부분 내피와 외피 사이에 선심을 삽입하여 완성한 모습

❺ 골씌움(골싸기) 공정

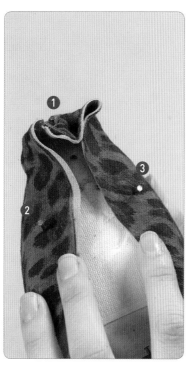

❶ 첫 시작은 라스트 앞부분부터 골씌움(골싸기)을 한다. 고소리로 갑피 부분을 당겨주고 못을 박는다.

❷ 첫 번째 골씌움 못을 박아주고 중심을 맞추어 좌우로 못을 박으면서 골씌움을 한다. 이것이 2, 3번 중심 못 박기 작업이다.

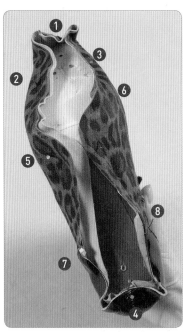

❸ 뒤꿈치(뒤축 포인트 지점, 도쿠리) 부분에 못(금못)을 박는다. 이때 못을 재봉틀 선 밖으로 박게 되면 가죽이 손상되기 때문에 재봉틀 선 사이에 박아주어야 한다. 금못은 뒤꿈치 부분(4번 중심못)에만 사용한다.

❹ 아래 골밥 부분(5번 중심못)과 아치 부분에 좌우로 못을 박아준다. 이때 못은 좌우 발볼 위치로 박아주면 되는데 대각선으로 당겨주면서 박아주어야 전체적으로 선이 아름답게 나온다. 여기까지가 6, 7번 중심 못 박기 완성이다.

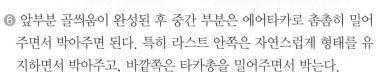

❺ 앞코 부분은 곡선 때문에 주름이 생겨 촘촘히 박아주어야 주름이 없어지므로 기본적인 중심 잡기 골씌움이 끝나고 나면 다시 촘촘하게 못을 박아준다. 이때 한 땀 한 땀 당기면서 박아주고 다시 망치질해 주어야 전체적으로 완성도가 높아진다.

❻ 앞부분 골씌움이 완성된 후 중간 부분은 에어타카로 촘촘히 밀어주면서 박아주면 된다. 특히 라스트 안쪽은 자연스럽게 형태를 유지하면서 박아주고, 바깥쪽은 타카총을 밀어주면서 박는다.

 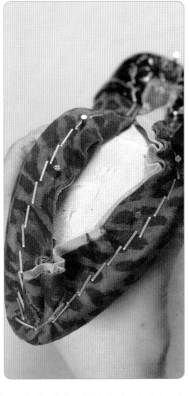 

❼ 중간 부분이 끝난 후 뒷굽 부분도 촘촘하게 박아주면 골씌움 작업이 완성된다.

❽ 골씌움 작업이 완성된 모습

❻ 건조 공정

　골씌움 작업이 끝나고 나면 건조기(찜통)에 넣고 100℃에서 30분간 건조한다. 건조기에 구두가 들어간 후 작업자는 남는 시간에 굽싸기 공정과 창 본드칠하기 공정을 작업하면 된다.

Tip 건조 이유는 가죽의 주름을 펴고 가죽이 라스트 형태에 맞도록 고정해 주기 위함이다.

⑦ 굽싸기 공정

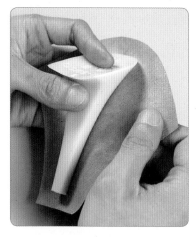
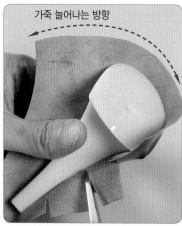

가죽 늘어나는 방향

❶ 건조하는 동안에 굽싸기 작업을 한다. 먼저 굽싸개 가죽에 본드칠하고 굽에도 본드칠해 준다. 칠한 가죽이 마른 후에 굽 모양에 맞게 재단하여 굽싸기를 한다. 본드를 바를 때 본드가 뭉치지 않게 조심해서 바른다.

❷ 주름이 지지 않도록 굽을 부드럽게 감싼 뒤 남은 부분에 가위밥을 넣어준다.

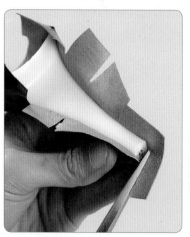

❸ 굽을 싸고 남은 부분은 칼과 가위를 이용해 깔끔하게 잘라준다.

❹ 굽싸개 가죽을 부착한 모습

❺ 굽 위쪽에 본드칠한다.

❻ 굽 윗부분에 남은 부분을 속메움 천이나 가죽으로 메워준다.

❼ 다시 한 번 본드칠한다.

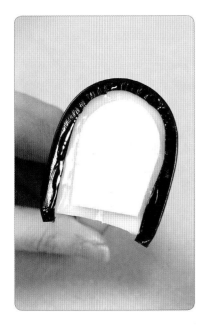

❽ 굽 윗부분이 메워진 모습　　❾ 굽가슴 부분에도 본드칠한다.　　❿ 굽싸기 공정이 완성된 모습

⑧ 창 본드칠 공정

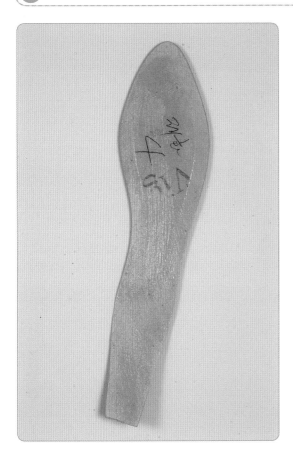

구두가 건조되는 동안 936 본드를 사용하여 창 안에서 밖으로 본드칠한다. 이때 창과 굽 외곽선에 맞추어 본드칠한다.

9 건조 후 못 빼는 공정

건조되고 나온 구두의 못과 타카 핀(스테이플러)을 모두 제거해 준다. 이때 라스트와 중창 덮기 작업을 했던 못도 모두 다 제거해 준다.

앞부분과 아치 부분에 있는 못과 타카핀은 모두 제거해야 하지만 굽자리 부분에 있는 못은 남겨두어도 상관은 없다. 못을 제거할 때 방울 집게나 송곳을 사용하여 작업하는데 집게 방향은 바깥에서 안쪽으로 하여 작업한다.

못을 제거하지 않으면 탈골 후 못이 나와 착화 시 큰 사고가 발생할 수 있다.

⑩ 연마 공정

❶ 앞부분에 모든 못과 타카핀을 제거하고 라스트 바닥면을 평평하게 만들기 위해서 연마기를 사용하기 전에 저부용 칼로 주름 잡혀 있는 부분을 깎아 낸다. 연마 공정은 창과 골씌움 한 라스트를 붙이기 위한 공정이다. 이때 중창 부분이 잘려나가지 않도록 조심해야 한다.

❷ 칼로 주름과 두꺼운 부분을 제거한 모습

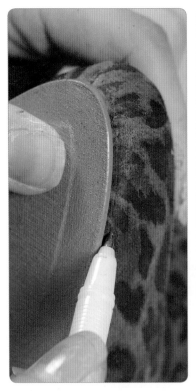

❸ 연마 기계로 작업하기 위해 라스트 바닥에 창을 대고 은펜을 이용하여 창 라인을 그려준다.

❹ 은펜으로 바닥창을 그린 모습

❺ 연마 기계를 사용하여 전체적으로 고르게 만들어 준다. 이 작업을 통해 바닥창이 잘 붙고 평평하게 만들어져 착화감도 좋아지게 된다. 대형 연마 기계 사용이 어려운 작업자는 저부용 칼이나 소형 연마기를 이용해 작업하면 된다. 이때 그려준 창 라인을 넘지 않도록 주의해야 한다.

⑪ 창 붙이는 공정

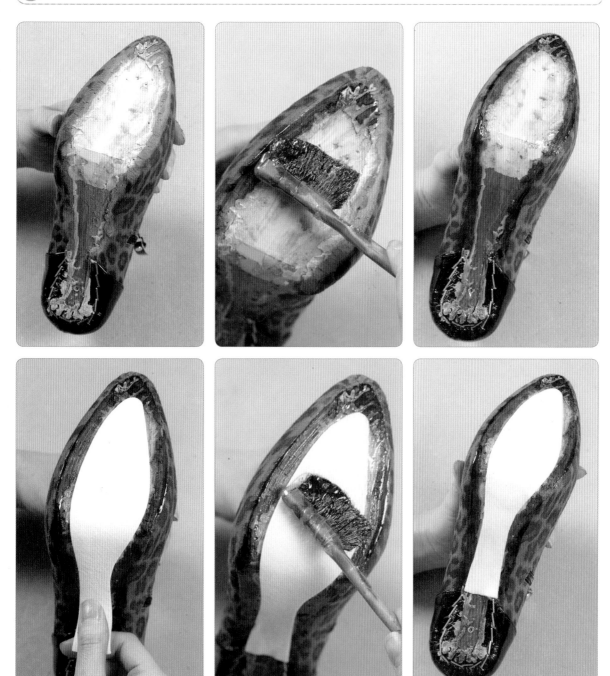

　　연마한 바닥 표면에 창을 붙이기 위해서 936 본드를 칠하는 작업이다. 이때 너무 많이 본드칠을 하여 옆면에 나오지 않도록 조심해야 한다. 연마하고 초벌 본드칠 후 가운데 비어 있는 부분을 속메움 천으로 채우고 다시 한 번 전체적으로 본드칠한다. 속메움은 가죽이나 천, 스펀지 등 어떤 것을 사용해도 무방하다. 속메움을 하는 이유는 바닥면에 골씌움을 하고 나면 비어 있는 공간이 생기게 되는데, 이 비어 있는 공간을 메워주지 않으면 창이 잘 부착되지 않으며 평평하지 않아 착용 시 불편한 느낌을 주기 때문이다.

⑫ 굽과 창을 붙이는 공정

❶ 뒷중심에 맞춰 굽을 먼저 붙인다.

❷ 라스트에 굽이 부착된 모습

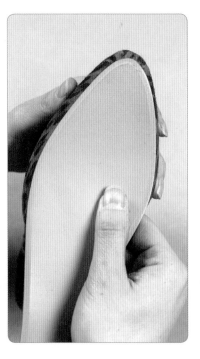

❸ 가열한 바닥창을 연마한 골씌움 라스트에 붙인다. 앞코 부분을 맞춘 후 안에서 바깥 방향으로 밀면서 부착한다.

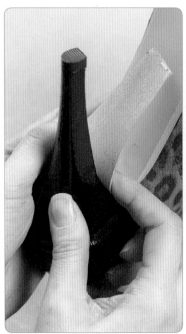

❹ 창을 굽가슴(꼬리창과 맞닿는 부분)까지 부착한다. 접착한 창과 라스트를 높이가 맞는 받침대를 사용하여 압축기에 올리고 앞부분과 중간 뒷부분까지 잘 맞는지 확인한 후 사용한다. 이때 압축 시간은 2초 정도로 하면 된다.

⓭ 창 따내기 공정

❶ 망치로 굽 안쪽까지 창이 잘 접착될 수 있도록 밀어준다.
❷ 바닥 부분도 망치로 눌러가며 접착한다.

❸ 접착한 바닥창의 굽 부분에 남아 있는 창을 따낸다. 이때 굽 커브(굽이 휘는 각도)에 유의하면서 깔끔하게 정리한다.
❹ 창 따내기가 완성된 모습

⓮ 라스트 분리(탈골) 공정

이 작업은 골빼기 작업이라고 하는데, 이 작업 시 뒷부분과 앞부분에 힘을 가하여 분리하면 구두 형태에 손상을 줄 수 있기 때문에 주의해서 작업해야 한다. 최대한 천천히 밀착했던 공기가 빠져나올 수 있도록 조심해서 분리한다.

15 굽 못 박는 공정

 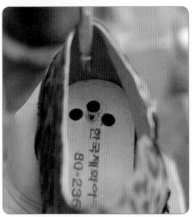

굽을 완전히 고정시키기 위해 못을 박는 작업(보루방)을 한다.

못이 너무 깊이 박혀 아대가 훼손되거나 못이 덜 박혀 발이 아프지 않도록 주의하며, 굽 못을 박을 때는 일자에서 조금 기울여 박아주어야 고정이 잘된다. 못이 굽 밖으로 나가지 않도록 조심한다.

16 까래(브랜드) 붙이기 공정

 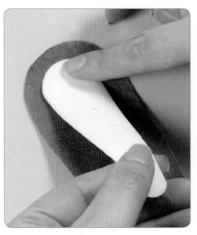 

❶ 까래 뒷면에 스타본드를 안에서 밖으로 칠해준다. 그 위에 쿠션(스펀지)을 놓고 다시 본드칠해 준다. 이 때 쿠션은 좌우 및 밑에서 10~15mm 떨어진 위치에 붙인 다음 다시 한 번 본드칠한다.

 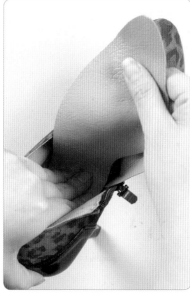 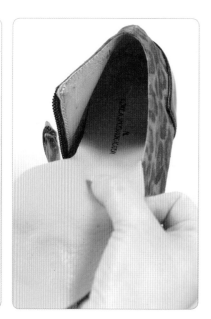

❷ 중창에도 스타본드를 이용하여 본드칠한 후 본드가 마르면 내피에 묻지 않도록 주의하며 중창에 부착한다.

⑰ 최종 제품 완성

Chapter

8

부츠
boots

디자인 공정

- 마인드 맵
- 러프 스케치
- 원부자재 선정
- 스케치
- 최종 디자인
- 작업 지시서

재단 공정

- 외피(원단) 및 내피 그리기 공정
- 외피 및 내피 오리기 공정

갑피 공정

- 외피 및 내피 스카이빙(피할) 공정
- 외피 본드칠 공정
- 외피 패턴 대고 그리기 공정
- 내피와 갑보(지활재) 연결 공정
- 내피 보강테이프 붙이기 공정
- 외피 테이프 넣기 공정
- 외피 접음질 공정
- 외피 박음질 공정
- 앞부분 외피 보강테이프 붙이기 공정
- 뒷부분 외피 보강테이프 및 도리테이프 붙이기 공정
- 외피 콤비 부분 뒷박음질 공정
- 외피 박음질 공정
- 외피 뒤집기 공정
- 외피 앞부분과 뒷부분 결합 후 박음질 공정
- 외피와 내피 붙이는 공정
- 내피 홈칼질 공정
- 최종 갑피 완성

저부 공정

- 제갑(갑피) 연화 공정
- 중창 본드칠 공정
- 라스트에 중창 덮기 공정
- 기본 라스트를 부츠 라스트로 변형하는 공정
- 라스트 중창에 본드칠 공정
- 월형 삽입 공정
- 선심 삽입 공정
- 골씌움(골싸기) 공정
- 건조 공정
- 건조 후 못 빼는 공정
- 연마 공정
- 굽싸기 공정
- 창 붙이는 공정
- 바닥면 본드칠하기 공정
- 창 붙이는 공정
- 라스트 분리(탈골) 공정
- 굽 붙이는 공정
- 화인(불박) 공정
- 까래(브랜드) 붙이기 공정
- 마무리 공정
- 최종 제품 완성

boots making process

1 디자인 공정

1 마인드 맵

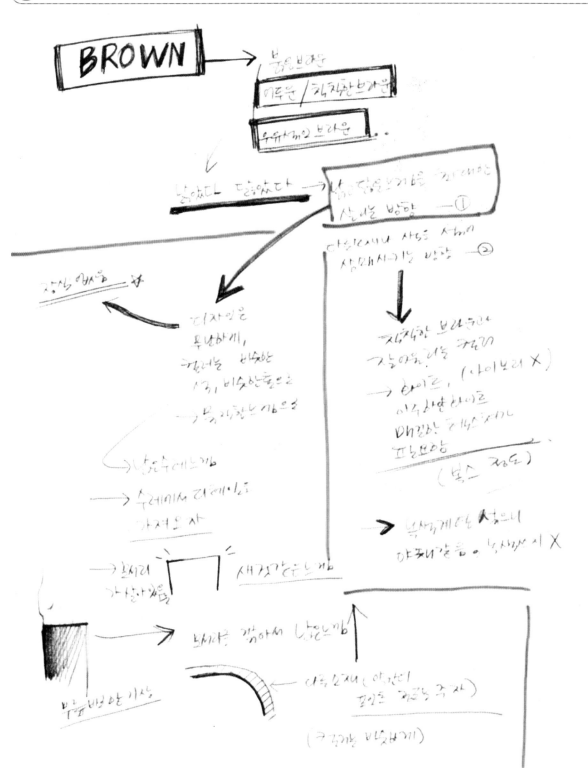

② 러프 스케치

③ 원부자재 선정

❶ 부츠 디자인에 매치가 잘 되는 굽을 선정한다.
❷ 두께가 얇은 느낌의 굽으로 할지 아니면 안정적인 느낌의 통굽으로 할지 결정한다.
❸ 외피와 같은 가죽으로 굽 처리할지 아니면 나무 또는 코팅 처리된 굽으로 할지 결정한다.

④ 스케치

⑤ 최종 디자인

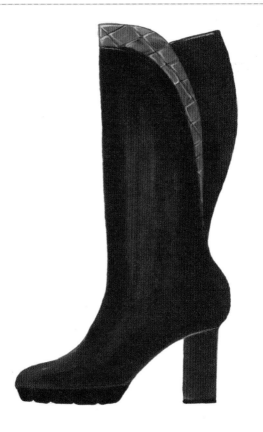

6 작업 지시서

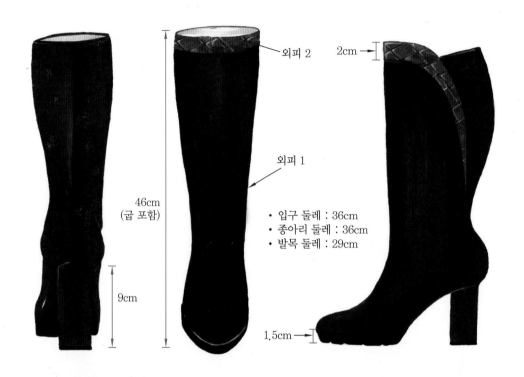

외피 2

외피 1

2cm

46cm
(굽 포함)

9cm

1.5cm

• 입구 둘레 : 36cm
• 종아리 둘레 : 36cm
• 발목 둘레 : 29cm

소재	외피 1		NS 피혁 브라운 누벅
	외피 2		NS 피혁 악어무늬 소가죽
	내피		NS 피혁 베이지 돈피

제품명	브라운 부츠(brown boots)
디자이너	Mr. Cha
작성인	Mr. Cha
작성일	2013-4-18
브랜드	NS SHOES
시즌	2013 f/w
타깃	20대 후반~30대 후반
라스트	NS 1308
힐	NS 73509
창	블랙 판창
중창	NS 35-240
갑보	베이지 양가죽
월형	○
선심	○
까래	로고 불박
데코레이션	×
뗀가와	NS 73509 블랙
가보시	1.5cm 블랙 고무
부자재	×

2 재단 공정

1 외피(원단) 및 내피 그리기 공정

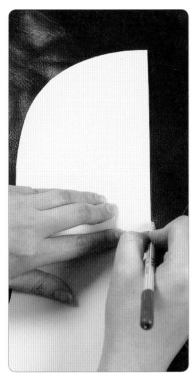

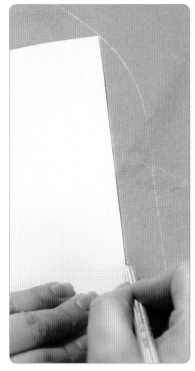
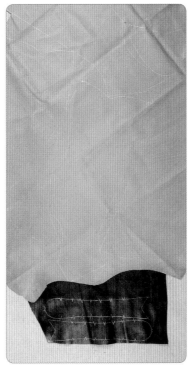

외피 가죽에 재단 패턴을 올려놓고 은펜(또는 사인펜)으로 패턴의 외곽선을 그려준다. 이 경우 한쪽(좌)만 그려주는 것이기 때문에 다른 한쪽(우)은 패턴을 뒤집어서 같은 방법으로 외곽선을 그려주면 된다. 이때 재단 패턴은 실제 패턴보다 6mm 정도 띄어 만들어 주는데, 이는 제갑(갑피) 작업 시 접기 위한 간격을 주기 위해서이다. 접는 작업 과정이 없는 경우는 실제 패턴으로 재단하면 된다.

내피 가죽의 경우 하단은 1:1 패턴으로 그려주고 발등 부분은 상단만 10mm 살려 그려주는데, 그 이유는 외피 가죽과 내피 가죽 결합 후 홈칼질을 하기 위한 간격이 필요하기 때문이다.

② 외피 및 내피 오리기 공정

 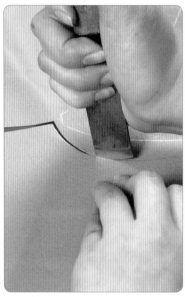

외피 가죽과 내피 가죽 외곽선을 따라 재단 칼이나 가위로 각각 재단한다. 대량으로 재단할 때는 철형을 만들어 프레스 재단을 주로 하고 소량일 때는 개인이 칼로 하나하나 재단하는 것이 일반적이다.

칼로 재단 시에는 정교하지만 시간이 많이 소요되고, 숙련되지 않으면 사고로 이어지기 때문에 주의해야 한다. 가위로 재단 시에는 숙련되지 않아도 재단할 수 있으며 칼로 재단하는 것보다 정교하지는 않지만 위험성은 낮다.

3 갑피 공정

부츠 갑피 제작을 위한 준비물은 다음과 같다.

원자재인 외피 가죽, 내피 가죽, 패턴, 실(중복되는 준비물은 제외)

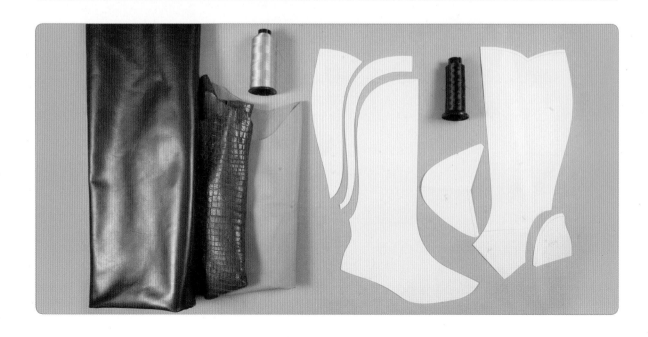

① 외피 및 내피 스카이빙(피할) 공정

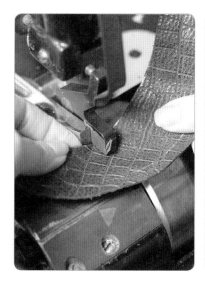 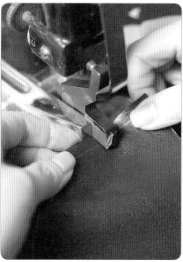

❶ 철자로 스카이빙 폭을 정확하게 파악한 후 포개지는 부분을 스카이빙한다. 스카이빙 공정을 통해 가죽의 가장자리를 접거나 포개어 접음질하는 면과 면이 잘 맞아지게 하면 가죽 두께를 줄여 주어 재봉틀도 편하게 사용할 수 있으며 디자인상 자연스럽고 착화 시 압박을 줄여줄 수 있다.

❷ 외피 재단 및 스카이빙이 완성된 모습

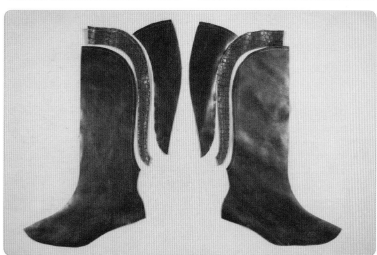

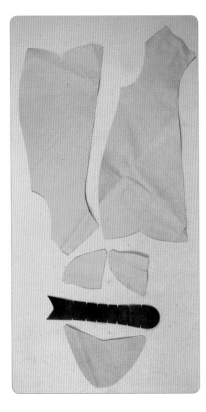 

❸ 내피도 마찬가지로 스카이빙 작업을 한다.

② 외피 본드칠 공정

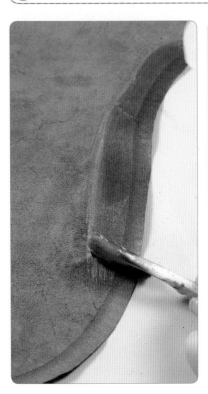 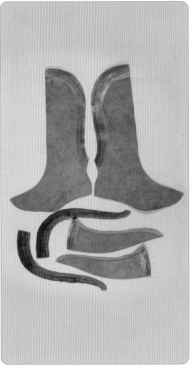

❶ 피할한 외피 원단 뒷면에 2cm 정도 간격으로 본드칠해 준다. 갑피 공정 시 접착용 본드로 스타본드(No. B5)가 주로 사용된다.
❷ 외피에 본드칠이 완성된 모습

③ 외피 패턴 대고 그리기 공정

 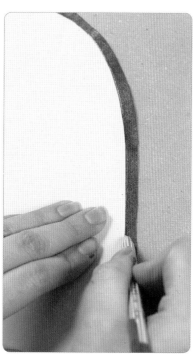 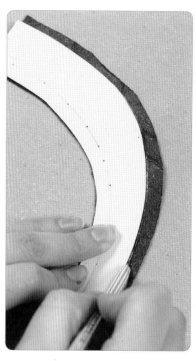

❶ 본드가 어느 정도 마른 상태에서 외피 패턴을 대고 은펜으로 외곽선을 그린다. 그리기 공정에서 중요한 점은 흔들리지 않도록 평평한 곳에서 작업을 하는 것이다. 일반적으로 패턴과 가죽을 스테이플러로 고정한 후 그려준다.

 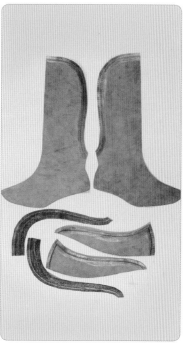

❷ 은펜으로 외곽선을 그린 후 스카이빙으로 늘어난 부분을 칼로 정리한다.

④ 내피와 갑보(지활재) 연결 공정

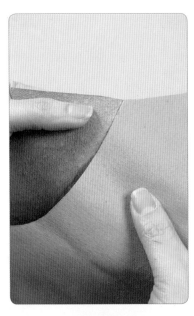
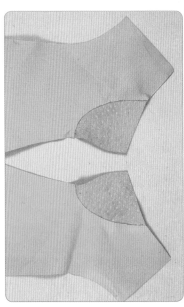

❶ 내피와 갑보(지활재)에 스타본드
를 칠한 후 붙인다.

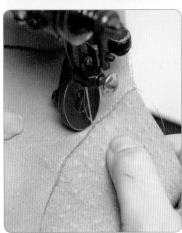

❷ 재봉틀로 연결된 내피와 지활재
를 미리 본드로 붙여 놓은 부분을
고르게 박음질한다.

5 내피 보강테이프 붙이기 공정

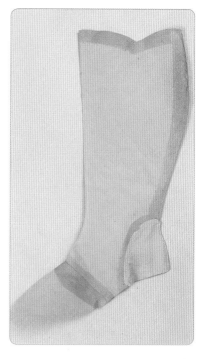

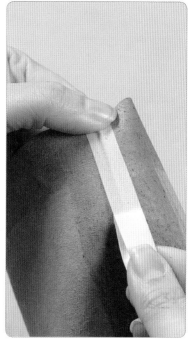

① 내피의 바깥쪽과 안쪽을 박음 질로 연결한다.

② 박음질한 부분을 고르게 망치로 두들겨 평평하게 만든 다음 1cm 의 보강테이프를 위에서 아래로 매끄럽게 붙여준다.

③ 다시 한 번 망치로 두들겨 잘 부착시켜 준다.

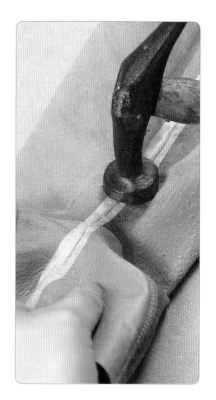

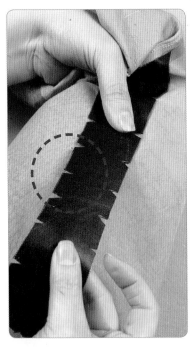 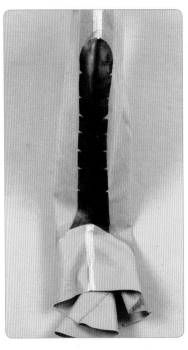

❹ 겹치는 부분이 생기면 잘 부착되지 않기 때문에 칼금을 준다.

❺ 보강테이프를 붙인 내피의 뒷 중심선을 다시 한 번 보강해 준다.

⑥ 외피 테이프 넣기 공정

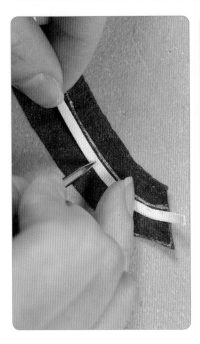  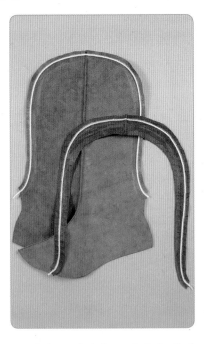

❶ 그리기 공정이 끝난 후 그린 선에서 1mm 정도 띄어서 3mm 도리 테이프를 일정하게 붙인다.

❷ 외피 도리테이프 작업이 완성된 모습

❼ 외피 접음질 공정

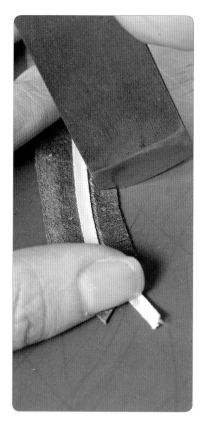  

❶ 외피에 도리테이프를 붙인 다음 접음질을 위해 갑피용 칼로 3mm 정도 떨어진 위치에 칼금을 주며 칼금 간격은 2mm 정도로 한다. 칼금 작업이 없이 접음질하면 접음질이 고르게 되지 않고 패턴이 곡선 부분일 경우 접음질이 잘 되지 않기 때문에 필수로 해야 한다. 이때 칼의 뒷부위가 축이 되어 앞에서 뒤로 칼금 작업을 한다.

❷ 칼금 공정이 끝난 후 송곳이나 손으로 접는 여분을 접으면서 망치로 가볍게 눌러준다. 접음질할 때에는 가죽의 테이프 부착 라인에 왼손 검지를 밀착하여 넘겨가며 부착한다. 이때 접는 여분이 깨끗하게 부착되고 주름이 생기지 않도록 주의해야 한다.

❸ 접음질한 부분을 망치로 두들겨 정리해 준다.

8 외피 박음질 공정

외피의 뒷중심, 곡선 부분 등 연결 부위를 박음질한다. 이때 원단이 흔들리지 않도록 손으로 위아래를 잡고 박음질한다.

9 앞부분 외피 보강테이프 붙이기 공정

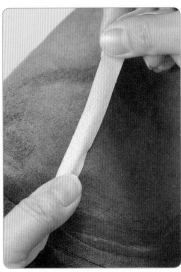

❶ 외피의 박음질한 부분을 고르게 망치로 두들겨 평평하게 만든다.
❷ 1cm의 보강테이프를 위에서 아래로 매끄럽게 붙여준다.

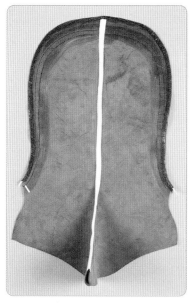 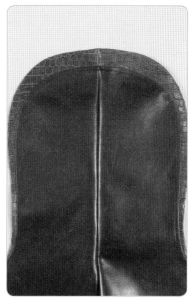

❸ 보강테이프를 부착한 모습
❹ 보강테이프를 부착해 말끔히 정
　리한 모습

⑩ 뒷부분 외피 보강테이프 및 도리테이프 붙이기 공정

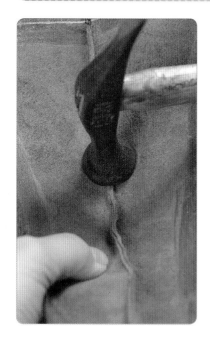  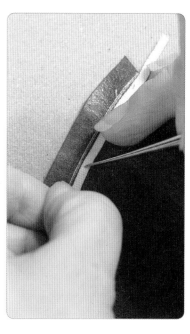

❶ 외피의 박음질한 부분을 고르
　게 망치로 두들겨 평평하게 만
　든다.

❷ 1cm의 보강테이프를 위에서
　아래로 매끄럽게 붙여준다.

❸ 부츠의 윗부분은 3mm 도리테
　이프를 일정하게 붙인다. 여기
　서 도리테이프는 박음질할 때
　힘이 들어가 견고하게 만들어
　주고 디자인 선을 잡아주는 역
　할을 한다.

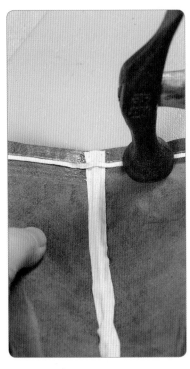
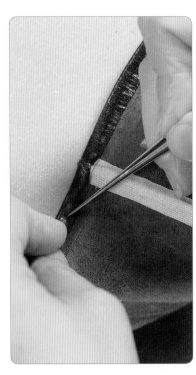
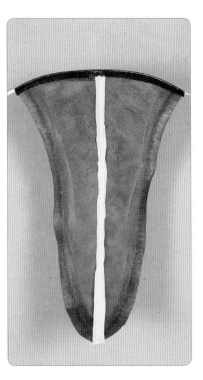

❹ 망치로 두들기며 테이프를 고 정시킨다.

❺ 일정한 간격으로 칼금을 낸 다 음 송곳이나 손으로 접는 여분 을 접으면서 망치로 가볍게 눌 러준다.

❻ 뒷부분 외피 도리테이프 작업 이 완성된 모습

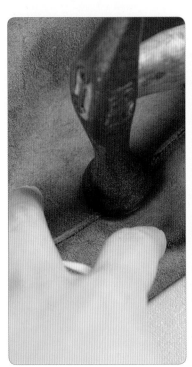

❼ 외피 뒷부분을 결합하기 위하여 본드를 발라준다.

⑪ 외피 콤비 부분 뒷박음질 공정

외피의 뒷중심 연결 고리를 박음질한다.

⑫ 외피 박음질 공정

외피의 뒷중심, 곡선 부분 등 연결 부위를 박음질한다. 이때 원단이 흔들리지 않도록 손으로 위아래를 잡고 박음질한다.

⑬ 외피 뒤집기 공정

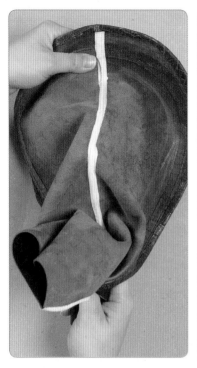
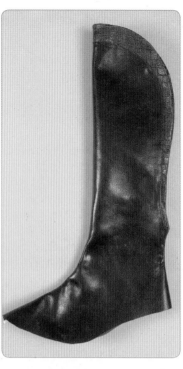

가죽 안쪽 면 뒤를 박음질 한 후 외피의 가죽면이 드러나도록 뒤집는다.

⑭ 외피 앞부분과 뒷부분 결합 후 박음질 공정

외피의 앞부분과 뒷부분을 결합한 후 박음질한다.

⑮ 외피와 내피 붙이는 공정

각각 작업한 외피와 내피를 붙이는데 내피 가죽을 외피 가죽 위에 10mm 정도 올라오게 하여 부착한다. 이때 외피가 울지 않도록 부착해야 한다. 외피와 내피를 잘 부착하기 위해서는 여러 번 밀어주고 당겨주면서 자리를 잡아주는 것이 중요하다. 외피와 내피를 붙인 후 작업 지시서에 표시한 실로 박음질한다. 일반적으로 외피 색상과 어울리는 실(재실)로 박음질해 준다. 접음질 선에서 1.5mm 띄어 박음질한다.

⑯ 내피 홈칼질 공정

 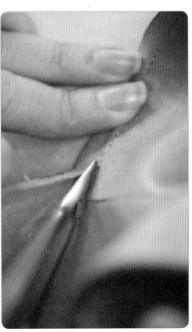 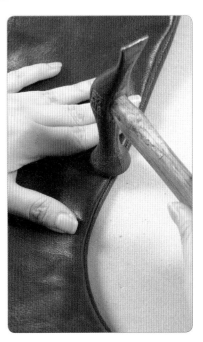

❶ 최종 재봉틀 작업을 한 후 내피의 남은 부분을 가위로 잘라낸다. 이런 홈칼질 작업을 현장에서는 이찌기리라고 한다. 주로 가위나 홈칼질용 칼을 사용하여 작업한다. 홈칼질 공정 작업을 할 때 가위를 비스듬히 눕히고 남은 가죽을 살짝 당기면 쉽게 작업할 수 있다.

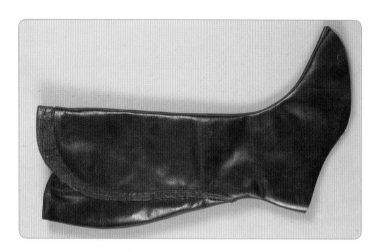

❷ 부츠 제갑(갑피) 작업이 완성된 모습

4 저부 공정

부츠 제작을 위한 저부(조립) 준비물은 다음과 같다.

완성된 제갑(갑피), 라스트, 중창, 창, 선심, 월형, 까래 스펀지, 까래, 속메움 천, 굽, 굽싸개 가죽(중복되는 준비물 제외)

Tip ▶ 부츠 라스트가 없을 경우 일반 라스트에 발등 보조대와 뒷굽 보조대를 부착하여 사용한다.

1 제갑(갑피) 연화 공정

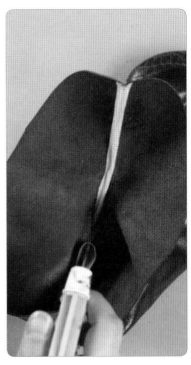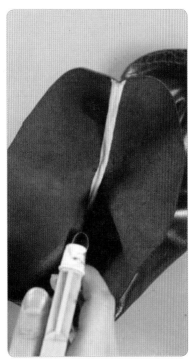

완성된 제갑(갑피)에 골씌움 작업을 쉽게 하기 위해서 연화제(소주)를 뿌려 가죽을 부드럽게 만들어 준다. 부드러운 양가죽일 경우에는 그냥 작업을 해도 무관하지만 딱딱한 소가죽의 경우 꼭 연화제를 뿌려주고 작업을 해야 한다.

2 중창 본드칠 공정

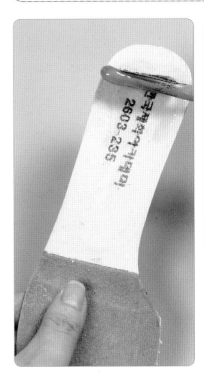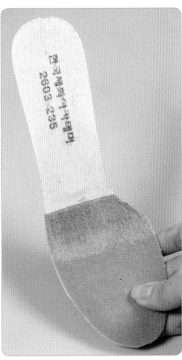

라스트에 중창 덮기 작업을 하기 전에 전체적으로 중창에 본드칠해 준다.

③ 라스트에 중창 덮기 공정

❶ 라스트에 중창을 붙인 후 뒤꿈치 부분에 고정한다.

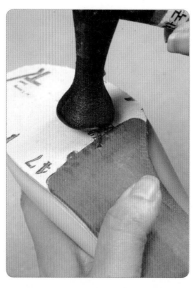

❷ 뒤꿈치 부분을 고정한 다음 중간 부분(주로 아대의 시작 부분)도 고정해 준다.

❸ 두 번째 고정이 끝난 후 앞부분을 고정한다.

④ 기본 라스트를 부츠 라스트로 변형하는 공정

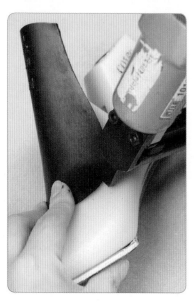

❶ 기본 라스트를 부츠 라스트로 변형하기 위해서 발등 보조대와 발목 보조대를 부착하여 부츠 라스트로 만들어 준다. (부츠 라스트가 없을 경우에만 제작)

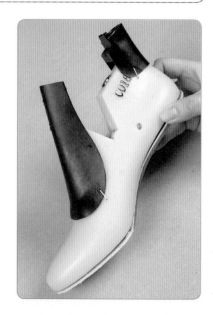

❷ 부츠 라스트가 완성된 모습

5 라스트 중창에 본드칠 공정

 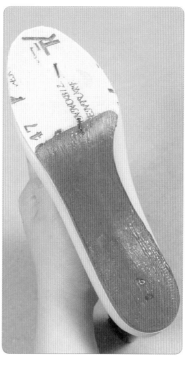

❶ 라스트에 중창 덮기가 완성되면 전체적으로 다시 한 번 본드칠해 준다. 주로 936 본드를 사용한다.
❷ 골씌움 작업을 하기 위한 사전 작업이 완성된 모습

6 월형 삽입 공정

❶ 월형을 삽입하기 위해서 윗부분을 중심으로 936 본드를 사용하여 본드칠한 후 월형을 삽입한다.
❷ 본드칠한 월형의 끝부분과 가죽 앞부분을 당겨 월형이 안착될 수 있도록 만든 후 내피와 본드칠한 월형이 울지 않도록 잘 펴준다. 이때 월형의 형태를 유지하도록 김밥을 말아주는 것처럼 감싸주면 잘 삽입된다.

7 선심 삽입 공정

선심을 톱 라인에서 1.5cm 정도 떨어진 부분에 안착해 주고 외피와 내피 사이에 본드칠을 해 준다. (사용하는 본드는 936 본드이다.) 이때 선심이 딱딱하기 때문에 잠시 연화제에 담갔다가 작업을 한다.

8 골씌움(골싸기) 공정

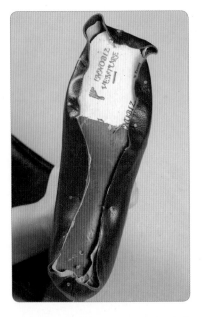

❶ 다른 아이템과 같이 첫 시작은 라스트 앞부분부터 골씌움(골싸기)을 하고 두 번째로 앞코 옆부분을 골싸기한 뒤 나머지 뒤꿈치 부분과 굽 부분까지 골씌움을 순서대로 한다.

❷ 라스트에 갑피(제갑)를 골씌움하고 나서 내피 아랫부분과 중창에 다시 한 번 본드칠해 준다.

❸ 기본적인 중심잡기 골씌움이 끝나고 나면 주름이 생기지 않도록 촘촘히 못을 박아준다.

❹ 앞부분 골씌움이 완성된 후 중간 부분은 에어타카로 촘촘히 밀어주면서 박아준다. 특히 라스트 안쪽은 자연스럽게 형태를 유지하면서 박아주고 바깥쪽은 타카총을 밀어주면서 박는다. 안쪽은 너무 강하게 밀면 탈골하고 구두 형태가 변형될 수 있기 때문에 자연스럽게 박아준다. 그렇게 중간 부분이 끝난 후 뒷굽 부분도 촘촘하게 박아주면 골씌움 작업이 완성된다.

9 건조 공정

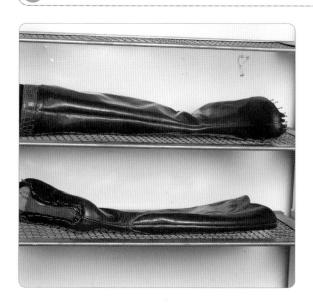

골씌움 작업이 끝나고 나면 건조기(찜통)에 넣고 100℃에서 30분간 건조한다. 건조기에 구두가 들어간 후 작업자는 남는 시간에 굽싸기 공정과 창 본드칠 하기 공정을 작업하면 된다.

⑩ 건조 후 못 빼는 공정

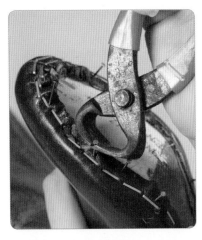  

건조되고 나온 구두의 못과 타카핀(스테이플러)을 모두 제거해 준다. 이때 라스트와 중창 덮기 작업을 했던 못도 모두 다 제거해 준다. 앞부분과 아치 부분에 있는 못과 타카핀은 모두 제거해야 하지만 굽자리 부분에 있는 못은 남겨두어도 상관은 없다. 못을 제거할 때 방울집게나 송곳을 사용하여 작업하는데 집게 방향은 바깥에서 안쪽으로 하여 작업한다. 못을 제거하지 않으면 탈골 후 못이 나와 착화 시 큰 사고가 발생할 수 있다.

⑪ 연마 공정

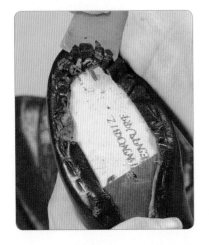  

❶ 연마 공정은 창과 골씌움 한 라스트를 붙이기 위한 공정이다. 이때 중창 부분이 잘려나가지 않도록 조심해야 한다. 칼로 주름 잡힌 부분과 두꺼운 부분을 제거해 준다.

❷ 칼로 주름과 두꺼운 부분을 제거한 모습

❸ 연마 기계로 작업하기 위해 라스트 바닥에 창을 대고 은펜을 이용하여 창 라인을 그려준다.

❹ 연마 기계를 사용하여 전체적으로 고르게 만들어 준다. 이 작업을 통해 바닥창이 잘 붙고 평평하게 만들어져 착화감도 좋아지게 된다. 대형 연마 기계 사용이 어려운 작업자는 저부용 칼이나 소형 연마기를 통해 작업하면 된다. 이때 그려준 창 라인을 넘지 않도록 주의해야 한다.

⑫ 굽싸기 공정

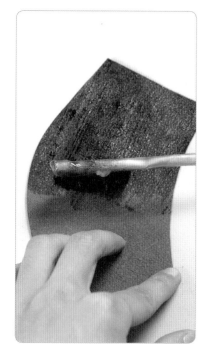

❶ 굽싸기를 할 가죽에 본드칠해 준다.

❷ 굽 뒷부분과 굽가슴, 윗부분 등에 전체적으로 본드칠한다.

❸ 본드칠한 굽과 창을 자연 건조한 후 굽 모양에 맞게 재단하여 붙인다.

❹ 주름이 지지 않도록 굽을 부드
럽게 감싼다.

❺ 굽가슴 가운데에 맞추어 칼로
여유분을 잘라낸다.

❻ 굽싸기하고 남은 윗부분을 가
위로 잘라낸다.

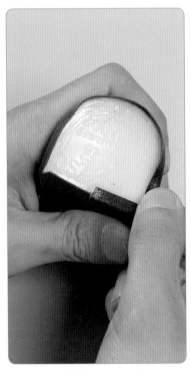

Tip
❶ 건조하는 동안에 굽싸기 작업을 한다.
❷ 양가죽이나 큐반 굽은 굽싸기가 편하지만 딱딱하고 늘어나지 않는 소재
나 많이 휘어버린 굽은 굽싸기가 쉽지 않다.
❸ 일반적으로 사각형의 굽은 남는 부분을 칼로 손질하지 않지만 프렌치
굽은 남는 부분을 칼로 손질하는데, 칼질할 때 조심해야 한다.

❼ 남은 부분을 사진처럼 접어준다.

❽ 굽싸개를 하고 빈 공간이 생긴 굽 윗부분은 속메움 천이나 가죽으로 메워주고 본드칠하면 굽싸기 작업이 완료된다.

⑬ 창 붙이는 공정

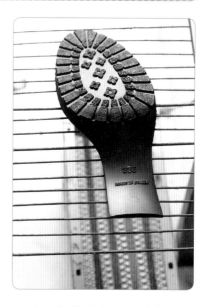

❶ 창을 붙이기 위해서 936 본드를 사용하여 안에서 밖으로 본드칠한다. 안에서 밖으로 발라주는 이유는 창 옆면에 본드가 묻지 않도록 하기 위해서이다.

❷ 본드가 완전히 마른 창을 난로에 구워준다. 달궈진 창은 쉽게 늘어나기 때문에 창 붙이기가 용이하다. 너무 오랜 시간 열을 가하면 기포가 발생하면서 본드가 뜨게 되므로 주의해야 한다. 난로가 없으면 구두용 드라이어로 가열하여 붙이면 된다.

14 바닥면 본드칠하기 공정

 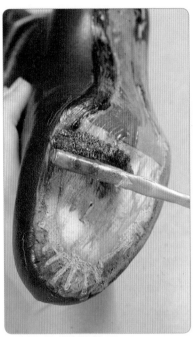 

연마한 바닥 표면에 창을 붙이기 위해서 936 본드를 칠하는 작업이다. 이때 너무 많이 본드칠을 하여 옆면에 나오지 않도록 조심해야 한다. 연마하고 초벌 본드칠 후 가운데 비어 있는 부분을 속메움 천으로 채우고 다시 한 번 전체적으로 본드칠한다. 속메움은 가죽이나 천, 스펀지 등 어떤 것을 사용해도 무방하다. 속메움을 하는 이유는 바닥면에 골씌움을 하고 나면 비어 있는 공간이 생기게 되는데, 이 비어 있는 공간을 메워주지 않으면 창이 잘 부착되지 않으며 평평하지 않아 착용 시 불편한 느낌을 주기 때문이다.

15 창 붙이는 공정

❶ 가열한 바닥창을 연마한 골씌움 라스트와 붙이는 작업이다. 먼저 바닥창을 라스트 밑에 놓은 후 손으로 누르면서 뒷부분을 맞추어간다.

❷ 창과 바닥면을 망치로 밀어주면서 접착시킨다.

❸ 접착한 창과 라스트를 압축기에 올리고 앞부분과 중간 뒷부분까지 잘 맞는지 확인한 후 사용한다. 압축 시간은 2초 정도로 하며, 이후 뒷부분에 굽을 붙인다.

16 라스트 분리(탈골) 공정

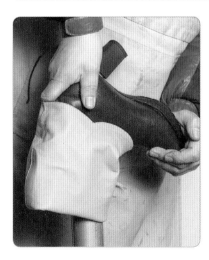
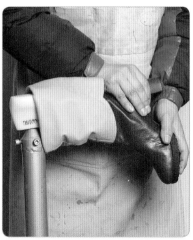

이 작업은 골빼기 작업이라고 하는데, 이 작업 시 뒷부분과 앞부분에 힘을 가하여 분리하면 구두 형태에 손상을 줄 수 있기 때문에 주의해서 작업해야 한다. 최대한 천천히 밀착했던 공기가 빠져나올 수 있도록 조심해서 분리한다.

⑰ 굽 붙이는 공정

굽을 완전히 고정시키기 위해 못을 박는 작업(보루방)을 한다. 못이 너무 깊이 박혀 아대가 훼손되거나 못이 덜 박혀 발이 아프지 않도록 주의하며, 굽 못을 박을 때는 일자에서 조금 기울여 박아주어야 고정이 잘된다. 못이 굽 밖으로 나가지 않도록 조심한다.

⑱ 화인(불박) 공정

브랜드 네임을 붙이기 위해서 가열한 기계에 준비한 까래를 올리고 1~2초 정도 찍어주면 된다. 화인의 컬러는 금박지, 은박지, 블랙지 테이프 등 다양하게 나올 수 있다.

⑲ 까래(브랜드) 붙이기 공정

까래 뒷면에 스타본드를 안에서 밖으로 칠해준다. 그 위에 쿠션(스펀지)을 놓고 다시 본드칠해 준다. 이때 쿠션은 좌우 및 밑에서 10~15mm 떨어진 위치에 붙인다. 다시 한번 본드칠한 후 마르면 본드가 내피에 묻지 않도록 주의하며 중창에 부착한다.

⑳ 마무리 공정

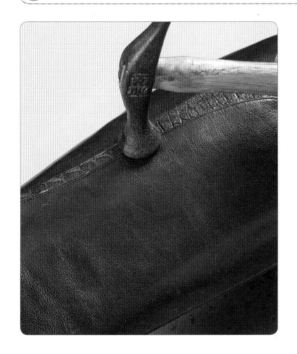

완성된 부츠는 부츠 다림기로 다림질한 다음 망치로 두들겨가며 완성한다.

21 최종 제품 완성

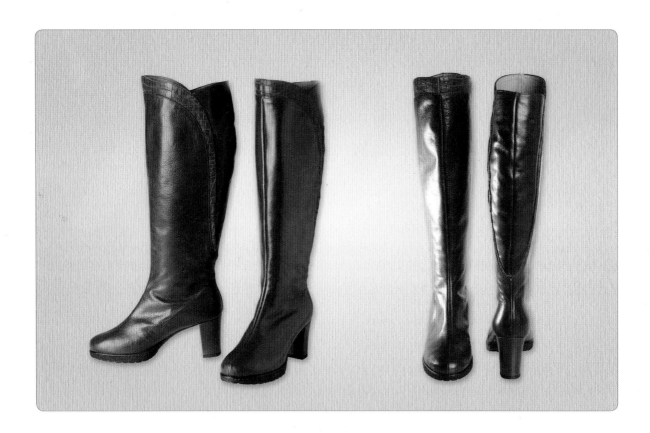

구두 메이킹 프로세스

2016년 1월 10일 인쇄
2016년 1월 15일 발행

저   자 : 차남수 · 정기만
펴낸이 : 이정일

펴낸곳 : 도서출판 **일진사**
www.iljinsa.com

(우)04317 서울시 용산구 효창원로 64길 6
대표전화 : 704-1616, 팩스 : 715-3536
등록번호 : 제1979-000009호(1979.4.2)

값 **28,000원**

ISBN : 978-89-429-1463-0